ACTA BIOLOGICA ET MEDICA GERMANICA

AKADEMIE-VERLAG · BERLIN · BAND 20 · HEFT 2 · SEITE 121–264 · 1968

AUFNAHMEBEDINGUNGEN

1. Es werden nur Arbeiten angenommen, die nicht an anderer Stelle mit demselben Inhalt veröffentlicht oder zur Veröffentlichung angeboten werden. Der Autor verpflichtet sich nach Annahme, die Arbeit an keiner anderen Stelle zu veröffentlichen.

2. Die Arbeit muß wissenschaftlich wertvoll sein. Bestätigungen bekannter Tatsachen, Versuche und Beobachtungen ohne positives Ergebnis werden, wenn überhaupt, nur in kürzester Form aufgenommen. Nicht aufgenommen werden Arbeiten referierenden Charakters, Polemiken und rein spekulative Arbeiten, falls sie nicht ganz wesentliche neue Gesichtspunkte enthalten.

3. Kurzmitteilungen für experimentelle Ergebnisse werden bei der Drucklegung zeitlich bevorzugt. Für ihren Inhalt ist ausschließlich der Autor verantwortlich.

4. Die Arbeiten müssen kurz und klar geschrieben und gegliedert sein. Problematik (Einleitung), Methodik, Befunde und Diskussion, evtl. Schlußfolgerungen sollen deutlich in Erscheinung treten. Der Arbeit soll ein Kurzreferat der wesentlichsten Ergebnisse vorausgestellt werden. Neben einer anderssprachigen erscheint auf jeden Fall eine deutsche Zusammenfassung. Die Arbeiten werden in folgenden Sprachen angenommen: Deutsch, Russisch, Englisch und Französisch.

5. Die Arbeiten werden im Sofortumbruch gesetzt; größere Korrekturen in Form von Streichungen bzw. Zusätzen sind daher in der Umbruchkorrektur nicht mehr möglich.

6. Genaue Hinweise zur Manuskriptgestaltung sind von der Redaktion der Zeitschrift anzufordern und sind unbedingt einzuhalten.

7. Manuskripte sind an die Herausgeber zu senden oder direkt an die Redaktion der Acta biologica et medica germanica, 1115 Berlin-Buch, Lindenberger Weg 70.

8. Von jeder Originalarbeit werden kostenlos 80 Sonderdrucke geliefert. Darüber hinaus können bis zu 100 Sonderdrucke gegen Berechnung bezogen werden.

Die Herausgeber

ACTA BIOLOGICA ET MEDICA GERMANICA

Herausgeber:

R. Baumann · H. Dutz · A. Graffi · H. Gummel · F. Jung · L.-H. Kettler
S. M. Rapoport

Band 20 | 1968 | Heft 2

Acta biol. med. germ., Band 20, Seite 121–127 (1968)

Aus dem Pathologischen Institut der Humboldt-Universität Berlin,
dem Rudolf-Virchow-Haus der Charité,
(Direktor: Professor Dr. L.-H. KETTLER)

Untersuchungen zur Atmung und Glykolyse von Aorta, A. carotis communis und A. iliaca communis

K. SAJKIEWICZ, H. A. HACKENSELLNER und CH. STEINMANN

(Eingegangen am 4. 7. 1967)[1]

Zusammenfassung

In allen Aortenabschnitten war unter den gewählten Versuchsbedingungen die anaerobe Glykolyse höher als die mit Sukzinat erzielte Atmungsaktivität. Gegenüber der Atmungsaktivität im glukosehaltigen Medium lag die anaerobe Glykolyse beträchtlich höher. Im Gegensatz zur Aorta übertraf der Atmungsstoffwechsel von A. carotis comm. und A. iliaca comm. bei Verwendung von Sukzinat als Substrat die anaerobe Glykolyse bei weitem. Die unterschiedlichen Relationen zwischen Atmung und Glykolyse im Metabolismus der Aorta einerseits und ihrer großen arteriellen Äste andererseits werden als Ausdruck strukturbedingter Besonderheiten von Gefäßen elastischen und muskulären Typs aufgefaßt. Zwischen A. carotis und A. iliaca traten ähnliche Stoffwechseldifferenzen auf wie zwischen proximaler und distaler Aorta. Diese Befunde werden der unterschiedlichen mechanisch-funktionellen Belastung herznaher und herzferner Gefäßabschnitte beigeordnet.

Einleitung

Eine vorangegangene Studie [7] über die Proportionen von Atmung und Glykolyse im Verlauf der Aorta erbrachte den Nachweis, daß dem glykolytischen Stoffwechsel in diesem Gefäß eine besondere Bedeutung zukommt. Danach ist die anaerobe Glykolyse in glukose-sukzinathaltigen Medien etwas, in sukzinatfreien beträchtlich höher als die in den gleichen Medien erzielte Atmungsaktivität. Atmung und Glykolyse der Aorta stehen diesbezüglich in umgekehrtem Verhältnis zu den entsprechenden Leberaktivitäten.

[1] Nach Revision am 20. 9. 1967

In den vorliegenden Untersuchungen sollte geprüft werden, ob auch die A. carotis communis und die A. iliaca communis so wie die Aorta durch eine hohe, die Atmung übertreffende glykolytische Aktivität gekennzeichnet sind und welche Relationen zwischen Atmung und Glykolyse dieser beiden Gefäße im Vergleich zur Aorta bestehen. Als Bezugswerte wurden wieder die entsprechenden Stoffwechselaktivitäten von Lebergewebe der Versuchstiere herangezogen.

Methodik

Von 36 männlichen Kaninchen (Körpergewicht zwischen 3000 und 4500 g) wurden Aorta, Karotiden und Beckenstammarterien entnommen und in eiskalter RINGER-Glukose-Lösung vom anhängenden Bindegewebe befreit. Die Aorta wurde in drei Abschnitte zerlegt: Das erste Segment umfaßte die Pars ascendens und den Arcus aortae bis zum Abgang der ersten Interkostalarterie, das zweite die restliche Pars descendens der Brustaorta bis zum Zwerchfell, das dritte die gesamte Bauchaorta. Die eröffneten Gefäßsegmente wurden in Längsrichtung in drei gleich breite Streifen zerschnitten, von denen je einer für die Bestimmung der Atmung sowie der aeroben und der anaeroben Glykolyse herangezogen wurde. Die Karotiden und die Beckenstammarterien wurden quer zur Gefäßachse in jeweils drei gleich lange Abschnitte aufgeteilt und je zwei einander entsprechende Segmente den genannten Stoffwechseluntersuchungen unterworfen. Die Präparation dauerte insgesamt etwa eine Stunde.
Die aeroben Stoffwechselmessungen wurden nach einer von WARBURG und Mitarbeitern [8, 9] vorgeschlagenen Methode vorgenommen, bei der ein Bikarbonat-Karbonat-Gemisch zur Pufferung des Kohlendioxids Verwendung findet. Als Versuchsgefäße benutzten wir die von NEGELEIN und NOLL [5] angegebenen Kegelgefäße, wobei die Versuchslösung (1,5 ml) mit den Gewebeproben in den inneren, kegelförmigen Einsatz, die zur Kompensation des bei der Atmung gebildeten Kohlendioxids verwendete Bikarbonat-Karbonat-Pufferlösung (2 ml) in den äußeren, ringförmigen Teil der Stoffwechselgefäße eingebracht wurde.
Die Pufferlösung war wie folgt zusammengesetzt: 1,54 ml 3,00 M $KHCO_3$; 0,36 ml 3,83 M K_2CO_3; 0,10 ml Karboanhydraselösung (entsprechend etwa 10 mg Trockensubstanz). Die Darstellung der Karboanhydrase wurde nach Angaben von NEGELEIN und NOLL [5] aus Rindererythrozyten vorgenommen; 10 mg dieses Präparates entsprachen in ihrer Wirksamkeit 1,5 mg der von WARBURG benutzten „Cartase" (Schering)[1].
Das nach LOHMANN und Mitarbeitern [4] modifizierte Inkubationsmedium enthielt pro 100 ml folgende isotone Lösungen: 75,5 ml 0,155 M NaCl; 3,6 ml 5,6%ige Glukose; 1,7 ml 0,155 M KCl; 1,7 ml 0,11 M $CaCl_2$; 0,85 ml 0,117 M Phosphatpuffer, pH 7,4; 16,7 ml 0,155 M $NaHCO_3$. Für die Erfassung der SDH-Aktivität wurden dem Medium an Stelle von 10 ml physiologischer NaCl-Lösung 10 ml 0,11 M Sukzinat zugesetzt.
Die Bestimmung der aeroben und der anaeroben Glykolyse erfolgte in kastenförmigen WARBURG-Gefäßen mit 3 ml Versuchsflüssigkeit.
Als Gasphase für die Untersuchung der Atmung und der aeroben Glykolyse diente ein Gasgemisch von 95% O_2 und 5% CO_2, für die der anaeroben Glykolyse ein solches von 95% N_2 und 5% CO_2. Zur Erzielung einer hohen glykolytischen Spaltung wurden nach den Empfehlungen von NEGELEIN und NOLL [5] die Gewebeproben vor der anaeroben Messung aerob gehalten. Beim Übergang von aeroben zu anaeroben Versuchsbedingungen erfolgte der Gaswechsel im Thermostat bei 37,5 °C und bei einer Ausgleichzeit

[1] Für die Darstellung der Karboanhydrase sind wir Herrn Dr. E. SEIDLER, Leiter der Chemischen Abteilung unserers Instituts, und Frau U. SCHREIBER zu Dank verpflichtet

von 5 min. Die erste Ablesung wurde nach insgesamt 20 min Temperaturausgleich, maximal 90 min nach Tötung der Tiere, durchgeführt. Der Versuch lief über 60 min mit einem Ablesungsintervall von 10 min.
Nach Versuchsabschluß wurde der Stickstoffgehalt jeder einzelnen Gewebeprobe nach KJELDAHL bestimmt. Der Sauerstoffverbrauch wurde definiert als $\mu l\ O_2$/Std./mg Gewebestickstoff $= Q_{O_2}^{O_2}$ Glukose (N) bzw. $Q_{O_2}^{O_2}$ Sukzinat (N), die CO_2-Entwicklung bei der aeroben Glykolyse als $Q_M^{O_2}$ (N), bei der anaeroben als $Q_M^{N_2}$ (N).
Die Leberproben der Versuchstiere (Gewebeschnitte, Dicke maximal 200 μm) wurden den gleichen Stoffwechseluntersuchungen unterzogen.

Ergebnisse

Der Stoffwechsel von A. carotis und A. iliaca unterscheidet sich grundsätzlich von dem der Aorta. Die Ergebnisse sind in Abb. 1 zusammengefaßt.

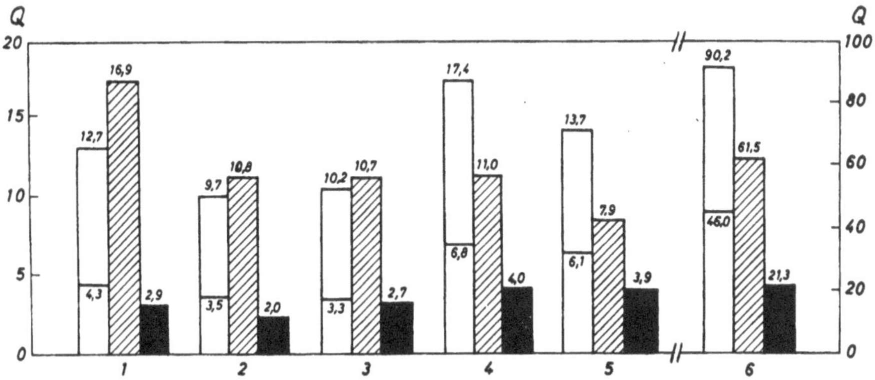

Abb. 1. Atmung sowie aerobe und anaerobe Glykolyse von Aorta, A. carotis communis, A. iliaca communis und Leber des Kaninchens.
Weiße Säulen: Atmung $= Q_{O_2}$ (N); kleinerer Abschnitt: in Glukosemedium, Gesamtsäule: in Glukose + Sukzinat-Medium; schraffierte Säulen: anaerobe Glykolyse $= Q_M^{N_2}$ (N); schwarze Säulen: aerobe Glykolyse $= Q_M^{O_2}$ (N).
1 = proximaler Abschnitt der Aorta thoracica; 2 = distaler Abschnitt der Aorta thoracica; 3 = Aorta abdominalis; 4 = A. carotis comm.; 5 = A. iliaca comm.; 6 = Leber

In allen Abschnitten der Aorta steht der anaerobe glykolytische Stoffwechsel im Vordergrund. Er übertrifft selbst die durch hohe Zusätze von Sukzinat stimulierte Atmung, dessen intensiv atmungsaktivierende Wirkung auf die Aorta bekannt ist (BRIGGS et al. [1]; CHATTOPADHYAY [2]).
In der A. carotis und der A. iliaca überwiegt im Gegensatz dazu der aerobe Stoffwechsel. Die höchsten Atmungsaktivitäten wurden an der A. carotis erzielt. Die entsprechenden Werte liegen im sukzinatfreien Medium um 11%, im sukzinathaltigen um 27% höher als die der A. iliaca. Bei der aeroben Glykolyse sind die Unterschiede wesentlich geringer, zeigen jedoch die gleiche Tendenz.

Interessanterweise bestehen damit zwischen A. carotis und A. iliaca analoge Differenzen wie zwischen proximalem Brustaortenabschnitt und Bauchaorta. Der Abfall der Atmungsaktivität von ersterem zu letzterer beträgt 30% in sukzinathaltigem bzw. 25% in sukzinatfreiem Medium.
Die anaerobe Glykolyse von A. carotis und A. iliaca ist, bezogen auf die mit Glukose erzielte Atmung, wesentlich geringer als in der Aorta. Sie liegt in den erstgenannten Gefäßen nur um 61 bzw. 30%, in den einzelnen Aortensegmenten hingegen um 209 bis 293% höher als die Glukose-Atmung. Die SDH-Atmung übertrifft die anaerobe Glykolyse der A. carotis und der A. iliaca um 58 bzw. 74%, während sie in der Aorta um 5 bis 25% unter dieser bleibt.
Der von WARBURG und SCHOKEN [10] als Kennziffer für die Beziehungen zwischen anaerobem und aerobem Metabolismus verwendete PASTEUR-MEYERHOF-Oxydationsquotient $PMQ = \frac{Q_M^{N_2} - Q_M^{O_2}}{Q_{O_2}^{O_2}}$ (Tab. 1) veranschaulicht den Unterschied im Stoffwechsel der Aorta und ihrer großen arteriellen Äste. Er zeigt darüber hinaus, daß die A. carotis und die A. iliaca hinsichtlich der untersuchten Aktivitäten der Leber näher stehen als der Aorta. Es ist bemerkenswert, daß auch der anaerobe Stoffwechsel der A. carotis höher ist als der der A. iliaca. Danach scheint der Enzymbesatz der herznahen Gefäßabschnitte generell höher zu sein als der der herzfernen.

Tabelle 1

PASTEUR-MEYERHOF-Quotienten verschiedener Aortenabschnitte sowie von A. carotis communis, A. iliaca communis und Leber des Kaninchens

Gewebe	PMQ
Aorta thoracica, proximaler Abschnitt	3,26
Aorta thoracica, distaler Abschnitt	2,51
Aorta abdominalis	2,42
A. carotis communis	1,01
A. iliaca communis	0,65
Leber	0,87

Diskussion

Unter den von uns gewählten Versuchsbedingungen (Untersuchungen an intakten Gefäßen) ist, zumindest im Bereich der Aorta thoraica, die Gefäßwand nicht in ihrer ganzen Dicke in den auf Diffusion basierenden Stoffwechsel einbezogen [6]. Das gilt möglicherweise auch noch für die Aorta abdominalis [7]. Die Kenntnis dieses Umstandes gebietet Zurückhaltung beim Vergleich der an Aorta einerseits und an A. carotis, A. iliaca und Leber andererseits erhobenen Befunde. So könnte die gegenüber der Aorta höhere

Atmung der Arterien vom muskulären Typ sowohl auf einem an sich höheren Stoffwechsel der großen Aortenäste beruhen als auch darauf, daß hier, im Gegensatz zur Körperschlagader, auf Grund der geringeren Wandstärke und/oder günstigerer Diffusionsbedingungen [6] ein relativ größerer Teil der Wand bzw. alle Gefäßwandschichten am Stoffwechsel beteiligt sind. Die zu Vergleichszwecken untersuchten 200 µm dicken Leberproben sind zweifellos als Ganzes in den Atmungsmetabolismus integriert (Grenzschnittdicke nach COHEN [3] 470 µm).

Bei der Analyse des Metabolismus von A. carotis, A. iliaca, Aorta und Leber wurden daher nicht die absoluten Stoffwechselgrößen, sondern die in den einzelnen Gefäßabschnitten gefundenen Relationen zwischen Atmung sowie aerober und anaerober Glykolyse miteinander verglichen. Eine Gegenüberstellung der absoluten Stoffwechselwerte erfolgte nur zwischen A. carotis und A. iliaca, zwischen diesen beiden muskulären Arterien und der Leber sowie zwischen den einzelnen Aortenabschnitten.

Die höhere Stoffwechselaktivität der proximalen im Vergleich zur distalen Brustaorta und zur Aorta abdominalis läßt mit Einschränkung den Schluß zu, daß hier ganz allgemein die Enzymaktivitäten am höchsten sind. In gleicher Weise sind Atmung und Glykolyse in der A. carotis höher als in der A. iliaca.

Der Grund für die Differenzen in der enzymatischen Aktivität liegt möglicherweise in der unterschiedlichen mechanisch-funktionellen Belastung der einzelnen Gefäßabschnitte. Die während Systole und Diastole auftretenden hämodynamischen Kräfte stellen jedenfalls an die Wand der herznahen Aortenabschnitte (einschließlich Aortenbogen) höhere Anforderungen als an die Bauchaorta. Auch für die A. carotis dürften derartige Belastungen eine größere Rolle spielen als für die A. iliaca communis. Die niedrigere Atmungs- und Glykolyseaktivität herzferner Gefäße bzw. Gefäßabschnitte (A. iliaca, Bauchaorta) gegenüber vergleichbaren herznahen (A. carotis, Anfangsteil der Aorta) ließe sich unter dieser Betrachtungsweise zwanglos deuten.

Gegenüber der Einwirkung pathologisch überhöhter hämodynamischer Kräfte (z. B. beim Bluthochdruck) sind nach unseren Untersuchungen Bauchaorta und A. iliaca mit ihrem vergleichsweise geringeren Enzymbesatz weniger gut gerüstet als Brustaorta und A. carotis — besonders, wenn im fortgeschrittenen Alter der Metabolismus ganz allgemein eingeschränkt ist. So ist auch aus dieser Sicht eine Disposition der Bauchaorta und der A. iliaca für Stoffwechselstörungen, insbesondere für Arteriosklerose verständlich. Wie weit allerdings die am Kaninchen gefundenen Verhältnisse auf den Menschen übertragen werden dürfen, bleibt offen.

Für die gegenüber der A. carotis und der A. iliaca (sowie der Leber) auffallend hohe anaerobe Glykolyse aller Aortenabschnitte ist wahrscheinlich der strukturelle Aufbau der Aorta verantwortlich zu machen: Die kräftigen elastischen Lamellen erschweren den Gasaustausch und zwingen zur potentiellen Akzentuierung anaerober Stoffwechselwege. Derartige Barrierenwirkungen treten bei den Gefäßen vom muskulären Typ nicht in Erschei-

nung. Das erklärt auch die weitgehende Ähnlichkeit der Stoffwechselaktivitäten von A. carotis und A. iliaca mit denen der Leber.
Die anaerobe Glykolyse der Kaninchenleber übertraf in unseren Versuchen erwartungsgemäß die Glukoseatmung, allerdings in einem relativ geringeren Umfang als von NEGELEIN und NOLL [5] an der stoffwechselaktiveren Rattenleber beobachtet. Im Zusammenhang mit dem unter unseren Versuchsbedingungen im Glukosemedium herabgesetzten PASTEUR-Effekt sehen wir darin eine Auswirkung der Präparationszeit. Erst nach Sukzinatzusatz trat die gewohnte nahezu vollständige Hemmung der aeroben Glykolyse im Stoffwechsel der Leber ein.

Literatur

[1] BRIGGS, F. N., S. CHERNICK u. I. L. CHAIKOFF: The metabolism of arterial tissue. I. Respiration of rat thoracic aorta. J. biol. Chem. **179**, 103–111 (1949).
[2] CHATTOPADHYAY, D. P.: Studies on the oxidative capacity of aortic tissue slices of rabbits. A. Rev. Biochem. **21**, 241–246 (1961).
[3] COHEN, P. P.: Methods for preparation and study of tissues. In: Manometric techniques. W. W. UMBREIT, R. H. BURRIS u. J. F. STAUFFER (Hrsg.) S. 135–143. Burgess Publishing Co., Minneapolis 1957.
[4] LOHMANN, K., H. GRAETZ u. P. LANGEN: The metabolism of the small intestine. In: Current aspects of biochemical energetics. Academic Press, New York-London 1966, S. 111–126.
[5] NEGELEIN, E. u. F. NOLL: Über die Glykolyse der Leber. I. Glykolyse der normalen Leber. Biochem. Z. **338**, 728–734 (1963).
[6] SAJKIEWICZ, K. u. H. A. HACKENSELLNER: Beziehungen zwischen manometrisch gemessener Sukzinodehydrogenaseaktivität und strukturellem Aufbau der Aorta und der A. pulmonalis des Kaninchens. Acta biol. med. germ. **15**, 649–658 (1965).
[7] SAJKIEWICZ, K., H. A. HACKENSELLNER u. CH. STEINMANN: Untersuchungen zur Atmung und Glykolyse von Brust- und Bauchaorta des Kaninchens. Z. ges. exp. Med. (im Druck.)
[8] WARBURG, O., A. W. GEISSLER u. S. LORENZ: CO_2-Drucke über Bicarbonat-Carbonatgemischen. Z. Naturf. **16b**, 283 (1961).
[9] WARBURG, O. u. G. KRIPPAHL: Weiterentwicklung der manometrischen Methoden (Carbonatgemische). Z. Naturf. **15b**, 364–367 (1960).
[10] WARBURG, O. u. V. SCHOKEN: Archs Biochem. Biophys. **21**, 313 (1949). Zit. nach A. KLEINZELLER et al., Manometrische Methoden und ihre Anwendung in Biologie und Biochemie. VEB Verlag Gustav Fischer, Jena 1965, S. 471–534.

Anschrift der Verfasser: Dr. KLAUS SAJKIEWICZ,
Dr. HANS ALOIS HACKENSELLNER, Frau CHRISTA STEINMANN,
Pathologisches Institut der Humboldt-Universität Berlin,
104 Berlin, Schumannstr. 20/21

Summary

K. SAJKIEWICZ, H. A. HACKENSELLNER and CH. STEINMANN: Investigations on the respiration and glycolysis of the aorta, A. carotis communis and A. iliaca communis

Under the given conditions of experiment the anaerobic glycolysis was higher in all parts of the aorta than the respiratory activity reached with succinate. Compared with the respiratory activity in the glucose-containing medium the anaerobic glycolysis was considerably higher. In contrast to the aorta, the respiratory metabolism of the A. carotis communis and the A. iliaca communis greatly surpassed the anaerobic glycolysis when using succinate as substrate. The varying relationship between respiration and glycolysis in the metabolism of the aorta on the one hand and its arterial branches on the other are regarded as structure-related peculiarities of vessels of the elastic and muscular type. Between the A. carotis and the A. iliaca similar differences of the metabolism occur, as between the proximal and distal aorta. The findings are attributed to the mechanico-functional load of proximal and distal sections of this vessel.

Резюме

К. Зайкевич, Х. А. Хакензеллнер и Хр. Штейнманн: Исследования о дыхании и гликолизе аорты, A. carotis communis и A. iliaca communis

Во всех участках аорты при выбранных условиях эксперимента, анаэробный гликолиз был выше чем активность дыхания сукцинатом. В сравнении с активностью дыхания в глюкозосодержащей среде анаэробный гликолиз был значительно выше. В противоположности к аорте, дыхательный обмен A. carotis comm. и A. iliaca comm. при применении сукцината в качестве субстрата далеко превысил анаэробный гликолиз. Разность уровней дыхания и гликолиза в метаболизме аорты с одной стороны и их больших артериальных ветвей с другой, связывается со структуральными особенностями сосудов эластичного и мышечного типа. Между A. carotis и A. iliaca наблюдаются подобные различия обмена веществ, как между проксимальной и дистальной аортой, что приписывается разлиной механико-функциональной нагрузке проксимальных и дистальных участков сосуда.

Acta biol. med. germ., Band 20, Seite 129—136 (1968)

Medizinische Hochschule, Lehrstuhl für Biochemie
(Leiter: Doz. D. KALITZIN), Warna, Bulgarien

Einfluß von Vitamin A auf die Wirkung von androgener Hormonen auf die Amylaseaktivität hypophysektomierter männlicher Ratten

D. KALITZIN und T. K. PENTSCHEWA[1]

(Eingegangen am 23. 5. 1967)

Zusammenfassung

1. Bei männlichen hypophysektomierten Ratten wird sowohl die Aktivität der Blutamylase als auch die der Pankreasamylase herabgesetzt.

2. Bei Applikation von Testosteronpropionat an intakte Tiere (Gesamtdosis 1 mg pro 100 g Körpergewicht) wird die Aktivität der Blut- und Pankreasamylase gleichfalls vermindert. Auch bei Behandlung hypophysektomierter Ratten mit Testosteronpropionat wird die Aktivität der Amylase im Blut und Pankreas erniedrigt.

3. Die Blutamylase intakter, mit einer Gesamtdosis von 18000 IE Vitamin A im Verlaufe von 10 Tagen injizierter Ratten verändert sich nicht, während die Pankreasamylase leicht erhöht wird. Bei hypophysektomierten Ratten verursacht Vitamin A eine Verminderung der Blut- und Pankreasamylase im Vergleich zu hypophysektomierten, nicht behandelten Tieren.

4. Bei intakten, mit Testosteronpropionat und Vitamin A behandelten Ratten wird die Aktivität beider Amylasen im Vergleich zu intakten, nur mit Testosteronpropionat behandelten Tieren erhöht. Bei den hypophysektomierten, mit Testosteronpropionat und Vitamin A behandelten Ratten ist diese Erhöhung der Aktivität der Blut- und Pankreasamylase noch stärker ausgeprägt.

5. Ein anaboler Effekt des Testosteronpropionats bei hypophysektomierten Ratten ist nur bei gleichzeitiger Gabe von Vitamin A zu erzielen.

Einleitung

BOGUTH und WEISER [2, 3] stellten in einer Reihe von Versuchen fest, daß verschiedene Wirkungen des Testosterons bei Abwesenheit von Vitamin A herabgesetzt sind bzw. fehlen. Sie fanden, daß sich der Wachstumseffekt und eine Vermehrung der roten Blutkörperchen nach Testosteronpropionatbehandlung bei hypophysektomierten Ratten im Vitamin A-Mangel nicht erreichen lassen [3]. Die Autoren berichteten weiter, daß die Wirksamkeit des Testosteronpropionats in bezug auf die Hemmung der östrogenen Keratinisierung des Vaginalepithels gonadektomierter Ratten durch Vitamin A

[1] Herrn Prof. Dr. Dr. E. STRACK zum 70. Geburtstag gewidmet

vervielfacht wird [2]. Sie stellten eine charakteristische Abhängigkeit der Wirkung verschiedener Gemische von Östradiolbenzoat und Testosteronpropionat von der gleichzeitig zugeführten Vitamin A-Dosis fest [2].
In unseren früheren Arbeiten untersuchten wir die Wirkung von Testosteronpropionat auf die Aktivität der Amylase im Blut und im Pankreas bei intakten und hypophysektomierten männlichen Ratten [10, 11]. In der vorliegenden Arbeit wird über den Einfluß von Vitamin A auf diese Wirkung berichtet.

Methodik

Die Untersuchungen wurden an 89 männlichen weißen Ratten etwa gleichen Alters und Gewichts (150–200 g) durchgeführt. Die Tiere teilten wir in folgende Gruppen: Kontrollratten = Serie I; hypophysektomierte Ratten = Serie II; intakte, mit Testosteronpropionat behandelte Ratten = Serie III; hypophysektomierte, mit Testosteronpropionat behandelte Ratten = Serie IV; intakte, mit Vitamin A behandelte Ratten = Serie V; hypophysektomierte, mit Vitamin A behandelte Ratten = Serie VI; intakte, mit Testosteronpropionat und Vitamin A behandelte Ratten = Serie VII; hypophysektomierte, mit Testosteronpropionat und Vitamin A behandelte Ratten = Serie VIII.
Zur operativen Abtragung der Hypophyse wandten wir eine von ULOWITSCH [18] ausgearbeitete Methodik unter Berücksichtigung der von ihm eingeführten Verbesserungen an. Das exstirpierte Hypophysengewebe wurde makroskopisch und histologisch nach ULOWITSCH bewertet. Der Erfolg der Operation wurde durch laufende Gewichtskontrollen gesichert; ein Kennzeichen für die völlige Entfernung der Hypophyse war eine Gewichtsabnahme der Ratten im Laufe von etwa 6 Wochen nach der Operation. Nach der Empfehlung von ULOWITSCH [18] und POUMEAU-DELILLE [15] wurden die Tiere ad libitum mit einem vollwertigen, an Eiweißstoffen und Vitaminen reichen Futter ernährt; anstelle von Wasser erhielten sie eine 5%ige Glukoselösung. Die hypophysektomierten Ratten wurden 6 Wochen nach der Operation untersucht.
Testosteronpropionat wurde i.m. in einer Gesamtdosis von 1 mg pro 100 g Körpergewicht im Laufe von 10 Tagen injiziert.
Vitamin A wurde gleichfalls i.m. in einer Gesamtdosis von 18000 IE pro Tier im Laufe von 10 Tagen appliziert.
Die Tiere wurden durch Kopfschlag 15 Std. nach der letzten Fütterung getötet. Die Untersuchungsmethodik ist ausführlicher in früheren Arbeiten beschrieben [8, 9].
Sofort nach Tötung der Tiere wurden Blut, Bauchspeicheldrüse, Samenbläschen und Prostata herausgenommen und gewogen.
Die Aktivität der Amylase wurde nach einer von KALITZIN [8, 9] eingeführten Modifikation der Methoden von ENGELHARDT und GERTCHUK [5] sowie von BALZER und SCHUSTER [1] bestimmt. Die Aktivität des Enzyms wird an Hand der Zunahme reduzierender Substrate (in mg) bezogen auf 1 ml Blut bzw. auf 1 mg Pankreasfrischgewicht bestimmt.

Ergebnisse

Die Versuchsergebnisse sind in den Abb. 1 und 2 sowie in Tab. 1 aufgeführt.
Es ergibt sich, daß ca. 6 Wochen nach Entfernung der Hypophyse (= Serie II) eine Verminderung der Amylaseaktivität sowohl im Blut (etwa 38%; $t = 4{,}5$; $p < 0{,}0001$) als auch im Pankreas (42%; $t = 12{,}2$; $p < 0{,}0001$) im Vergleich zu den Kontrollratten eintritt.

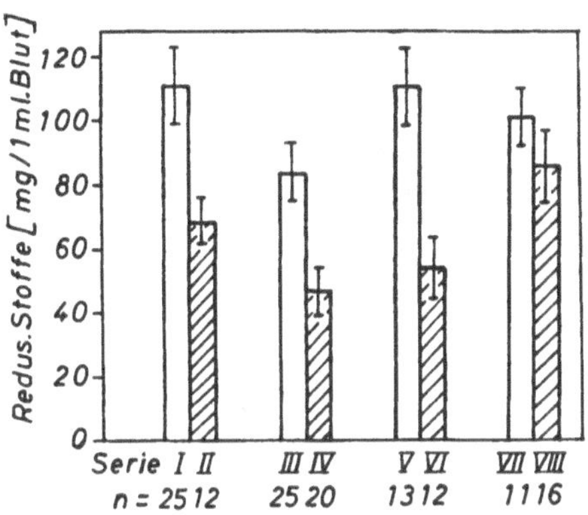

Abb. 1

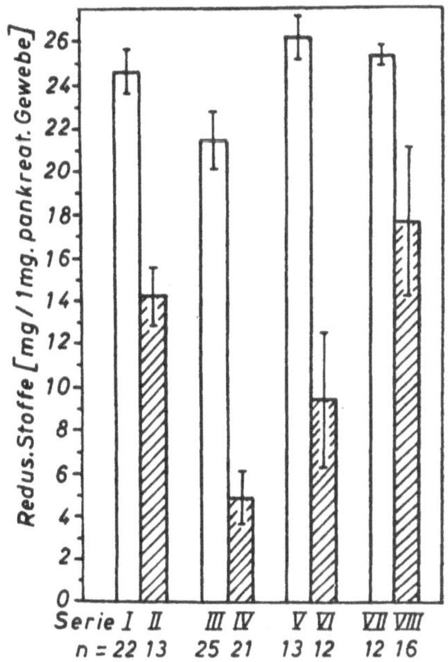

Abb. 2

Abb. 1. Aktivität der Amylase im Blut von intakten sowie hypophysektomierten, mit Testosteronpropionat und Vitamin A behandelten männlichen weißen Ratten. Inkubation 2 Std. bei 37 °C; pH = 6,5. Serienbezeichnungen siehe „Methodik"

Abb. 2. Aktivität der Amylase im Pankreas von intakten sowie hypophysektomierten, mit Testosteronpropionat und Vitamin A behandelten männlichen weißen Ratten. Inkubation 30 min bei 37 °C; pH = 6,8. Serienbezeichnungen siehe „Methodik"

Applikation von Testosteronpropionat (= Serie III) führt gleichfalls zu einer Herabsetzung der Blut- und Pankreasamylase im Vergleich zu den Kontrollratten (24,5%; $t = 3{,}47$; $p = 0{,}0004$ bzw. 12,7%; $t = 3{,}4$; $p = 0{,}0007$). Noch stärker ist die Verminderung bei den hypophysektomierten, mit Testosteronpropionat behandelten Ratten (= Serie IV). Die Aktivität der Blutamyalse bei diesen Tieren ist mit 31,5% ($t = 3{,}9$; $p = 0{,}0001$) und die der Pankreasamylase mit 66% ($t = 9{,}9$; $p = 0{,}0001$) niedriger als bei den hypophysektomierten, nicht behandelten Tieren (= Serie II).

In den Serien V und VI ist der Einfluß von Vitamin A auf die Amylaseaktivität dargestellt. Die Blutamylase der intakten, mit Vitamin A behandelten Ratten (Serie V) verändert sich nicht, während die Pankreasamylase mit 6,2% ($t = 2{,}1$; $p = 0{,}0357$) gering erhöht ist. Bei den hypophysektomierten Ratten (Serie VI) verursacht Vitamin A eine Verminderung der Aktivität der Blutamylase mit 20,8% ($t = 2{,}5$; $p = 0{,}03$) und der Pankreasamylase mit 34% ($t = 3{,}2$; $p = 0{,}0013$) im Vergleich zu den hypophysektomierten, nicht behandelten Tieren (Serie II).

Die Veränderungen der Amylaseaktivität bei gleichzeitiger Behandlung der Tiere mit Testosteronpropionat und Vitamin A sind in den Serien VII und VIII dargestellt. Die Resultate zeigen, daß Vitamin A die senkende Wirkung von Testosteronpropionat (Serie III) aufhebt. Bei intakten, mit Testosteronpropionat und Vitamin A behandelten Ratten (Serie VII) wird die Aktivität der Blutamylase im Vergleich zu den intakten, nur mit Testosteronpropionat behandelten Tieren (Serie III) mit 20,5% ($t = 2{,}1$; $p = 0{,}0357$) erhöht und nähert sich dem Niveau der intakten Ratten (Serie I). Dasselbe gilt für die Pankreasamylase (Erhöhung von 18,5%; $t = 3{,}8$; $p = 0{,}0001$).

Die Veränderungen bei den hypophysektomierten, mit Testosteronpropionat und Vitamin A behandelten Ratten (Serie VIII) sind noch stärker ausgeprägt. Im Vergleich zu den hypophysektomierten, nicht behandelten Ratten (Serie II) ist die Erhöhung der Aktivität der Blutamylase mit 24,7% ($t = 2{,}3$; $p = 0{,}0214$) und der Pankreasamylse mit 24% ($t = 1{,}7$; $p = 0{,}0891$) statistisch nicht signifikant.

Im Vergleich zu den hypophysektomierten, mit Testosteron behandelten Tieren ist diese Erhöhung noch größer, sie beträgt für das Blut 77% ($t = 5{,}8$; $p < 0{,}0001$) und für den Pankreas 268% ($t = 7{,}2$; $p < 0{,}0001$).

In Tab. 1 sind die Veränderungen des Körpergewichtes, der Prostata und der Samenbläschen nach Behandlung der intakten und hypophysektomierten Tiere mit Testosteronpropionat und Vitamin A angeführt.

Bei den untersuchten hypophysektomierten Tieren (Serie II) stellten wir die bekannten Folgen der Hypophysektomie fest, nämlich eine allgemeine Gewichtsabnahme der Tiere, eine Atrophie der Geschlechtsdrüsen und der sekundären Geschlechtsorgane (Prostata und Samenbläschen) sowie der Bauchspeicheldrüse. Diese Gewichtsabnahme der Tiere und die Atrophie des

Tabelle 1

Einfluß von Vitamin A auf die durch Testosteronpropionat ausgelöste Wachstumswirkung bei intakten und hypophysektomierten männlichen Ratten

Serie[1]	Körpergewicht in [g]		Pankreasgewicht [mg]	Gewicht von Prostata plus Samenblasen [mg]
	bei Behandlungsbeginn	am Ende des Versuches		
I	–	183 ± 7 (26)[2]	28,32 ± 1,64 (20)	70,97 ± 0,07 (20)
II	172 ± 2	145 ± 5 (13)	18,06 ± 2,43 (13)	15,10 ± 0,05 (13)
III	173 ± 5	191 ± 7 (10)	28,95 ± 1,64 (10)	152,18 ± 12,24 (10)
IV	169 ± 2	137 ± 4 (21)	11,05 ± 0,99 (17)	50,71 ± 8,85 (17)
V	169 ± 4	190 ± 6 (13)	31,28 ± 1,34 (14)	98,77 ± 7,94 (14)
VI	168 ± 2	123 ± 3 (12)	11,82 ± 0,69 (12)	12,42 ± 9,10 (12)
VII	167 ± 8	180 ± 1 (12)	21,16 ± 1,92 (12)	144,39 ± 8,06 (12)
VIII	165 ± 2	155 ± 5 (16)	17,38 ± 1,55 (15)	97,09 ± 10,60 (15)

[1] Siehe Methodik. — [2] Anzahl der Tiere

Pankreas finden wir auch bei den hypophysektomierten, mit Testosteronpropionat (IV) und mit Vitamin A (VI) behandelten Ratten.
Die Ergebnisse der Serie VIII zeigen, daß, wenn Testosteronpropionat mit Vitamin A zusammen appliziert wird, bei den hypophysektomierten Ratten ein positiver Wachstumseffekt auftritt. Die durch das Testosteronpropionat hervorgerufene Vergrößerung der sekundären Geschlechtsorgane wird unter dem Einfluß des Vitamins A noch verstärkt.

Diskussion

Die Ursache der Senkung der Aktivität der Blut- und Pankreasamylase nach Hypophysektomie ist eventuell auf eine Störung verschiedener Faktoren, wie z. B. einer verminderten Funktion der Nebennierenrindenhormone, der Hormone der Schilddrüse und anderer Hormone, welche an der Regulation der Amylaseaktivität teilnehmen, zurückzuführen [7, 12]. Besonders wichtig ist die Rolle der 11-Oxysteroide, durch deren Vermittlung die Hypophyse ihre regulierende Wirkung ausübt [14].

Die Herabsetzung der Aktivität der Amylase im Blut und im Pankreas nach der Behandlung von intakten und hypophysektomierten männlichen Ratten mit Testosteronpropionat könnte möglicherweise mit den in der letzten Zeit gemachten Angaben über eine hemmende Wirkung des Testosterons auf die Synthese der Glukokortikoide [16, 17] durch die Hemmung des 11-β-hydroxylierenden Systems und der 21-Hydroxylierung von Δ^5-3β-Hydroxy-C21-Steroiden erklärt werden.

Die festgestellte Wirkung können wir nicht als einen Widerspruch des bekannten anabolen Effektes von Testosteron deuten. Dieser Effekt äußerte sich in unseren Untersuchungen bei intakten Tieren in einer Erhöhung des Körpergewichtes der Tiere und des Gewichtes der sekundären Geschlechtsorgane.

Wird Vitamin A gleichzeitig mit Testosteronpropionat gegeben, so kommt es, wie unsere Ergebnisse zeigen, zu einer Erhöhung der Aktivität der Blut- und Pankreasamylase sowohl bei intakten als auch bei hypophysektomierten Ratten. Daraus folgt, daß der anabole Effekt des Testosteronpropionats bei den hypophysektomierten Tieren mit Hilfe von Vitamin A erzielt werden kann. Sowohl in unseren Untersuchungen wie auch in den Versuchen von Boguth und Weiser [3] kommt dieser Effekt im Anstieg des Körpergewichtes sowie des Pakreas, der Samenbläschen und der Prostata deutlich zum Ausdruck.

Aus den Literaturdaten ist der Zusammenhang zwischen Vitamin A und den Nebennierenrindenhormonen bekannt. Van Dyke et al. [19] teilten mit, daß Vitamin A-Mangel eine Störung in der Synthese der Kortikosteroidhormone verursacht. Wolf [20] äußert die Vermutung, daß Vitamin A unmittelbar an der Hydroxylierung von Desoxykortikosteron zu Kortikosteron teilnimmt.

Bei Applikation nur von Vitamin A an hypophysektomierte Ratten fanden wir keinen Wachstumseffekt. Die Aktivität der Amylase wird im Vergleich zu den hypophysektomierten Ratten noch stärker herabgesetzt. Die Ursache dafür ist wahrscheinlich die Störung der normalen Korrelationen nach der Hypophysektomie. Die Untersuchungen von NATANSON et al. [13] zeigen, daß die Entfernung der Hypophyse einen Einfluß von Vitamin A auf die Nebennierenringe verhindert.

Literatur

[1] BALZER, E. u. K. SCHUSTER: Klin. Wschr. **26**, 559–561 (1948).
[2] BOGUTH, W. u. H. WEISER: Int. Z. VitamForsch. **31**, 317–320 (1961).
[3] BOGUTH, W. u. H. WEISER: Int. Z. VitamForsch. **32**, 15–19 (1961).
[4] DORFMAN, R. I., E. FORCHIELLI, D. SHARMA, J. KOWAL u. K. M. J. MENON: Controle de la brosynthèse d'hormones steroides. Masson et Cie, Paris 1965, S. 15.
[5] ENGELHARDT, B. u. M. GERTCHUK: Zh. éksp. Biol. Med. No 3, 1926. (Russ.)
[6] GENES, S. G. u. S. P. NIKOLAYTCHUK: Tesisi dokladov k nautchnoy konferenzii „Deistvie pharmakologitcheskih veshtestv na endokrinnie jelezi", Leningrad 1965, 22–24. (Russ.)
[7] GÜLZOW, M. u. C. KLEMM: Z. ges. inn. Med. **19**, 342–347 (1964).
[8] KALITZIN, D.: Travaux de l'Institut Médical Supérieur – Sofia, **42**, Nr. 1, 181 bis 188 (1963). (Bul.)
[9] KALITZIN, D.: Bulletin of the Institute of Physiology, Bulgarian Acad. of Sciences, **6**, 243–251 (1963). (Bul.)
[10] KALITZIN, D., Z. GRANTSCHAROVA, u. S. BOJADJIEV: Annual Scientific Papers, Higher Medical Institute, Varna (im Druck).
[11] KALITZIN, D. u. T. PENTCHEVA: Annual Scientific Papers, Higher Medical Institute, Varna (im Druck).
[12] MAYKUT, M. O., M. T. NISCHIKAWARA u. K. E. HAIST: Can. J. Biochem. Physiol. **41**, 1373 (1963).
[13] NATANSON, A. O., H. J. MITASCHOWA u. A. W. TSCHUWAEW: Problemy̅ Endokr. Gormonoter. **11**, 87–92 (1965) (Russ.).
[14] NISCHIKAWARA, M. T., D. HAWKINS u. K. E. HAIST: Can. J. Physiol. Pharmac. **42**, 65–73 (1964).
[15] POUMEAU-DELILLE, G.: Techniques biologiques en endocrinologie expérimentale chez le rat. Masson et Cie, Paris 1953. S. 205.
[16] SACHATSKAJA, T. S.: Problemy̅ Endokr. Gormonoter. **8**, Nr. 6, 12–17 (1962). (Russ.)
[17] SOMANATH, K. V. u. B. MAHESH: Endocrinology **74**, 187–192 (1964).
[18] ULOWITSCH, A. I.: Problemy̅ Endokr. Gormonoter. **5**, Nr. 5, 32–39 (1959) (Russ.)
[19] VAN DYKE, R. A., G. WOLF u. B. C. JOHNSON: Biochem. biophys. Res. Commun. **3**, 123 (1960).
[20] WOLF, G.: Am. J. clin. Nutr. **9**, Part 2, 36–41 (1961).

Summary

D. KALITZIN and T. K. PENTSCHEWA: The influence of vitamin A on the action of androgenic hormones on the amylase activity of hypophysectomized male rats

1. One month and a half after hypophysectomy the activity of blood amylase of male rats is reduced by 38 per cent ($t = 4.5$; $p < .0001$) and pancreas amylase activity is reduced by 42 per cent ($t = 12.2$; $p < .0001$) compared with control animals.

2. When injecting intact animals with testosterone propionate at a total dose of 1 mg./100 g. weight, the activity of blood amylase is reduced by 24.5 per cent ($t = 3.47$; $p = .0004$) and that of pancreas amylase is reduced by 12.7 per cent ($t = 3.4$; $p = .0007$) compared with controls.
When hypophysectomized rats were treated with testosterone propionate the activity of blood amylse was 31.5 per cent ($t = 3.9$; $p = .0001$) and the activity of pancreas amylase 66 per cent ($t = 9.9$; $p = .0001$) lower than in hypophysectomized untreated rats.

3. The blood amylase of intact rats injected with vitamin A during 10 days at a total dose of 18000 IU does not change, while pancreas amylase increases by a value of 6.2 per cent ($t = 2.1$; $p = .0357$). In hypophysectomized rats vitamin A causes blood amylase to decrease by 20.8 per cent ($t = 2.5$; $p = .03$) and pancreas amylase by 34 per cent ($t = 3.2$; $p = .0013$) compared with hypophysectomized untreated animals.

4. In intact rats treated with testosterone propionate and vitamin A the activity of blood amylase increases by 20.5 per cent ($t = 2.1$; $p = .0357$) and the pancreas amylase increases by 18.5 per cent ($t = 3.8$; $p = .0001$) compared with intact animals trated only with testosterone propionate.
In hypophysectomized rats treated with testosterone propionate and vitamin A this increase of activity of blood and pancreas amylases is even more pronounced.

5. In hypophysectomized rats the anabolic effect of testosterone propionate can be achieved only in combination with vitamin A.

Резюме

Д. Калицин и Т. К. Пенчева: Влияние витамина А на действие андрогениых гормонов на активность амилазы гипофизектомированных крыс-самцев

I. У крыс-самцев через полтора месяца после гипофизектомии активность амилазы в крови понижена на 38% ($t = 4$; $p < 0{,}0001$), а также активность амилазы поджелудочной железы — на 42% ($t = 12{,}2$; $p < 0{,}0001$) в сравнении с контрольными животными.

2. При введении интактным животным тестостеронпропионата в общей дозе I мг на 100 г веса активность кровяной амилазы понижена на 24% ($t = 3{,}47$; $p = 0{,}0004$ и амилазы поджелудочной железы — на 12,7% ($t = 3{,}4$; $p = 0{,}0007$) в сравнении с контролем.
При обработке гипофизектомированных крыс тестостеронпропионатом активность кровяной амилазы понижается на 31,5% ($t = 3{,}9$; $p = 0{,}0001$) и активность амилазы поджелудочной железы — на 66% ($t = 9{,}9$; $p = 0{,}0001$) в сравнении с гипофизектомированными, необработанными крысами.

3. Кровяная амилаза интактных крыс, обработанных витамином А в общей дозе 18000 МЕ в течение 10 дней, не изменяется, тогда как амилаза поджелудочной железы слегка повышена — 6,2% ($t = 2{,}1$; $p = 0{,}0357$). У гипофизектомированных крыс витамин А вызывает уменьшение кровяной амилазы на 20,8% ($t = 2{,}5$; $p = 0{,}03$) иа амилазы поджелудочной железы на 34% ($t = 3{,}2$; $p = 0{,}0013$) в сравнении с гипофизектомироваными необработанными животными.

4. У интактных животных, получивших тестостеронпропионат и витамин А, активность кровяной амилазы повышается на 20,5% ($t = 2{,}1$; $p = 0{,}0357$)

и активность амилазы поджелудочной железы на 18,5% ($t = 3{,}8$; $p = 0{,}0001$) в сравнении с интактными животными, обработанными только тестостеронпропионатом.
У гипофизектомированных крыс, обработанных тестостеронпропионатом и витамином А, это повышение активности обеих амилаз выражено еще сильнее.

5. Анаболический эффект тестостеронпропионата у гопофизектомированных крыс может быть достигнут только вместе с витамином А.

Acta biol. med. germ., Band 20, Seite 137—145 (1968)

Aus dem Institut für Pharmakologie der Friedrich-Schiller-Universität, Jena
(Direktor: Prof. Dr. H. ANKERMANN)

Untersuchungen zum Mechanismus der Enzyminduktion

XIII. Die Übertragung eines zytoplasmatischen Hemmfaktors der Entwicklung mikrosomaler Leberenzyme aus der Leber von Rattenfoeten auf infantile Ratten

W. KLINGER, G. ZWACKA und H. ANKERMANN
unter technischer Mitarbeit von E. KARGE

(Eingegangen am 17. 7. 1967)

Zusammenfassung

Bei infantilen Ratten werden durch eine Vorbehandlung mit 3 · 80 mg/kg KG Phenobarbital i.p. in Tagesabständen die Seitenlagenzeit unter Hexobarbital auf 10—15% des Kontrollwertes verkürzt, die Askorbinsäurekonzentration in der Leber um 25—50% erhöht und die Aminophenazon-N-Demethylierung durch die 9000*g*-Fraktion der Leber um das 8- bis 20fache gesteigert.
Diese Induktionseffekte konnten durch eine gleichzeitige Vorbehandlung mit Überstandsfraktion foetaler Rattenleber gehemmt bzw. unterdrückt werden.
Gleichzeitige Vorbehandlung mit Überstands- und Kernfraktion foetaler Lunge, mit Plazenta, mütterlichem Blut oder Blutplasma hatte nicht diesen Effekt.
Dieser Hemmfaktor war auch nicht in der Überstandsfraktion der Leber erwachsener Tiere nachweisbar.

Einleitung

Bei Rattenfoeten ist die Grundaktivität zahlreicher mikrosomaler Enzyme niedrig oder nicht meßbar [1]. Auch einen Induktionseffekt konnten wir nach Barbitalbehandlung trächtiger Rattenweibchen bei ihren Foeten vom 15. und 22. Entwicklungstag weder elektronenoptisch [1] noch anhand der Leber-AS nachweisen [2].
Bei infantilen Ratten steigt die Grundaktivität mikrosomaler Enzyme mit zunehmendem Alter an und ist sehr gut durch Induktion zu steigern [3—8]. Die durch Induktion den Werten reifer Tiere angenäherten mikrosomalen Aktivitäten sind jedoch nicht von Bestand: nach Absetzen des Induktors fallen sie wieder auf annähernd altersgerechte Werte zurück und die physiologische Entwicklung der Enzymaktivitäten nimmt ihren Fortgang [8—10].

Abkürzungen: AS = L-Askorbinsäure; KG = Körpergewicht; HBSZ = Seitenlagenzeit unter Hexobarbital; ER = Endoplasmatisches Retikulum.

Da der Induktor am Regulator-Gen anzugreifen und im Sinne einer De-Repression zu wirken scheint, faßten wir den Prozeß der „Reifung" als eine „physiologische De-Repression" auf [8—10].
Träger und Wacker [11] konnten bei Pseudomonas testoteroni bereits die Existenz einer „proteinhaltigen Repressorsubstanz" wahrscheinlich machen.
Wir versuchten, den hypothetischen Repressor aus der foetalen Rattenleberzelle auf infantile Ratten mit stark entwickelter Grundaktivität und Induzierbarkeit mikrosomaler Enzyme zu übertragen und zugleich die Zellfraktion mit Repressoreigenschaften zu bestimmen. Ein hypothetischer, für die Bildung mikrosomaler Leberenzyme spezifischer Repressor kann nur in der Leber oder auch in anderen Organen gebildet werden. Auch eine diaplazentare Übertragung von Hemmfaktoren vom Muttertier auf den Foeten ist denkbar [2]. Nach unserer Arbeitshypothese darf dieser Repressor nur beim Foeten, nicht aber in der Leber erwachsener Tiere nachweisbar sein. Eine Hemmwirkung durch Milzfraktionen erwachsener Ratten z.B. wäre ein Hinweis auf einen im Licht unserer Hypothese unspezifischen Effekt, evtl. durch RES oder Blutbestandteile.

Abweichend von unserem bisherigen Induktionsschema benutzten wir für die vorliegenden Versuche den stärkeren Induktor Phenobarbital [12—15]. Als Beispiel von induzierbaren mikrosomalen Leberenzymen wurden der HB-Abbau, gemessen an der Seitenlagenzeit unter HB (HBSZ), die z. T. im ER ablaufende AS-Synthese, gemessen an der AS-Konzentration in der Leber und die Aminophenazon-N-Demethylierung durch den 9000g-Überstand unter Kofaktorenzusatz bestimmt, wie sie sich in früheren Versuchen bereits bewährt haben [8—10]. Untersucht wurden die Wirkungen von mütterlichem Gesamtblut, Blutplasma und Plazentahomogenat von trächtigen Ratten, von Leberhomogenat, Überstands- und Niederschlagsfraktion von Leber und Lunge foetaler sowie von Leber und Milz erwachsener ♂ Ratten auf die Grundaktivität und Induzierbarkeit dieser mikrosomalen Leberenzyme.

Methodik

Tiermaterial

Benutzt wurden Wistar-Ratten ♂ der institutseigenen Koloniezucht. Haltung bei einer Raumtemperatur von 22—24 °C und einer relativen Luftfeuchtigkeit von > 50%; Nährkonzentrat der Arbeitsgruppe Versuchstierzucht Berlin, in Milch geweichtes Weißbrot und Wasser ad libitum.
Foetales und mütterliches Organmaterial wurde von Tieren des 15.—21. Trächtigkeits- bzw. Entwicklungstages gewonnen (Bestimmung nach dem Kopulationstermin).
Für die Induktionsversuche setzten wir Tiere im Alter von 19—23 Tagen ein, die zu Versuchsbeginn von der Mutter abgesetzt wurden.

Versuchsmaterial

Leber und als RES-reiches Organ Lunge [16] von Foeten (foetales Milzgewebe konnte nicht in ausreichender Menge gewonnen werden) sowie Leber und als RES-reiches Organ Milz [16] von erwachsenen Tieren wurden mit einem Potter-Elvehjem-Homogenisator mit Teflonstempel in 0,25 M Saccharoselösung im Verhältnis 1 + 4 zerkleinert und bei 2500g 10 min zentrifugiert. Unter diesen Bedingungen werden auch Mikrosomen foetaler Leber niedergeschlagen [17]. Der Bodensatz wurde im halben

Ausgangsvolumen resuspendiert, nochmals zentrifugiert, die Waschflüssigkeit zum Überstand hinzugefügt und der Niederschlag im halben Ausgangsvolumen aufgenommen. Die Überstandsfraktion war demnach auf das 7,5fache, die Niederschlagsfraktion auf das 2,5 fache verdünnt.

Versuchsablauf

Die Versuchsgruppen mit einem Umfang von $n = 5-10$ wurden wie folgt behandelt:

a) 3 Tage lang tägl. 1 · 10 ml/kg KG 0,9%ige NaCl-Lösung i.p.;
b) 3 Tage lang tägl. 1 · 80 mg/kg KG Phenobarbital-Na in 0,8%iger Lösung i.p.;
c) 3 Tage lang tägl. 2 · 33 ml/kg KG der Organfraktionen i.p.;
d) 3 Tage lang tägl. 2 · 33 ml/kg KG der Organfraktionen plus 1 · 80 mg/kg KG Phenobarbital-Na i.p.

Die Behandlung wurde von allen Tieren gut toleriert. 24 Std. nach der letzten Phenobarbitalgabe wurden bei allen Gruppen die HBSZ, die AS-Konzentration in der Leber und die Aminophenazon-N-Demethylierung ermittelt.

Bestimmungen der mikrosomalen Aktivitäten und der Induktionseffekte

Die Bestimmung der HBSZ unter 100 mg/kg KG Hexobarbital, 1%ig in 0,9%iger NaCl-Lösung, i.p. sowie die Bestimmung der Gesamt-AS in der Leber erfolgte wie in [18] beschrieben.
Zur Bestimmung der Aminophenazon-N-Demethylierung durch 9000*g*-Leberüberstand siehe [19].

Darstellung und statistische Bearbeitung der Ergebnisse

Die Ergebnisse werden als arithmetische Mittelwerte mit Standardfehler angegeben. Der statistische Vergleich erfolgte nach dem *t*- und *U*-Test bei einer vorgegebenen Signifikanzgrenze von $p \leqq 0{,}05$.

Ergebnisse

1. In Vorversuchen waren unterschiedliche Mengen an Gesamthomogenaten (hergestellt mit einem Scherblatthomogenisator) von foetaler Leber und Plazenta sowie von mütterlichem Blut und Blutplasma appliziert worden. Dabei kamen in den ersten Serien zahlreiche Tiere durch hohe Flüssigkeits- und Hämoglobinbelastungen ad exitum. Zugleich wurde aber deutlich, daß eine Hemmwirkung nur durch Leberhomogenat zu erzielen war: Die HBSZ wurde von 133 ± 1,5 auf 155 ± 2 min verlängert, die Leber-AS-Konzentration erniedrigt, der Induktionseffekt durch Phenobarbital in beiden Fällen abgeschwächt. Eine Behandlung mit Plazentahomogenat hingegen verkürzte die HBSZ auf 112 ± 2 min mit mütterlichem Blutplasma von 150 ± 2 (Kontrolle) auf 70 ± 1,5 min.
Die folgenden Versuche wurden daher nur mit Leberüberstands- und Niederschlagsfraktion sowie mit den gleichen Fraktionen von RES-reichen Organen unternommen.

2. Nach Vorbehandlung mit Phenobarbital plus Überstands- bzw. Niederschlagsfraktion von foetaler Leber und Lunge bzw. mit den Organfraktionen oder Lösungsmittel allein wurde die HBSZ bestimmt.

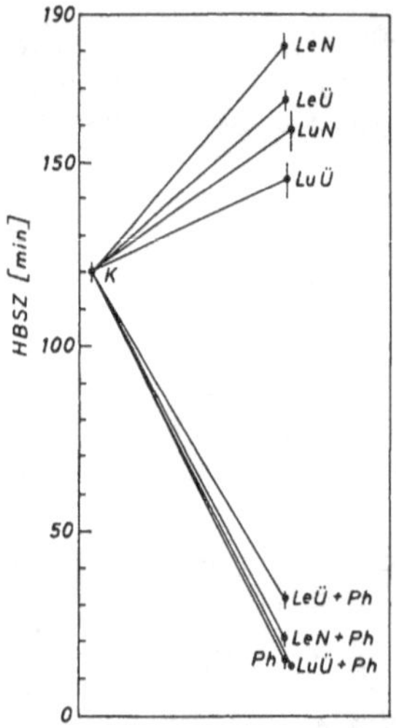

Abb. 1

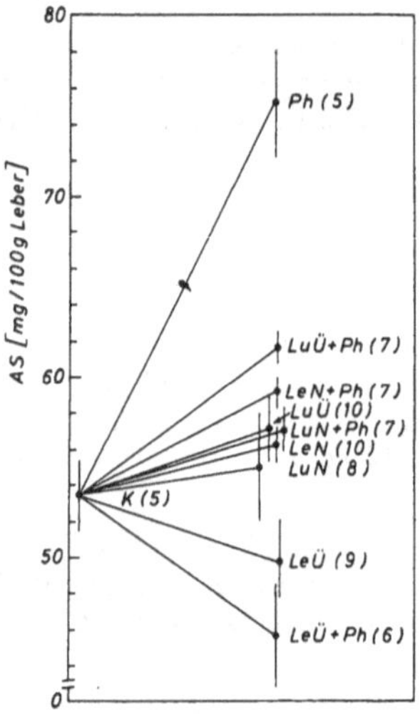

Abb. 2

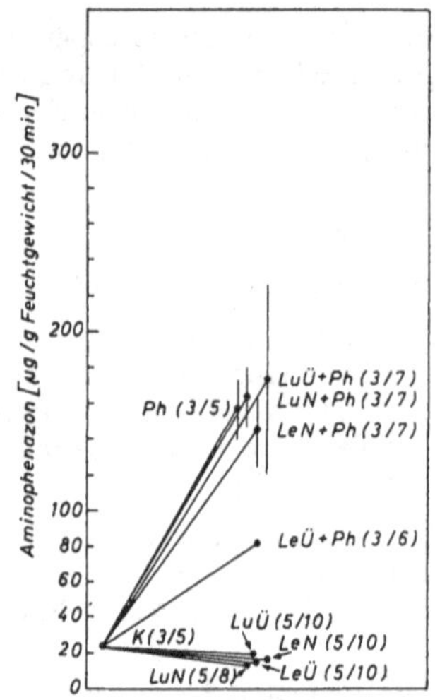

Abb. 3

Abb. 1—3. Wirkung von 3 · 80 mg/kg KG Phenobarbital (Ph) i.p. und von Überstand (Ü)- und Niederschlag (N)-Fraktionen von Leber (Le) und Lunge (Lu) foetaler Ratten auf die Hexobarbitalseitenlagenzeit (HBSZ) (Abb. 1), die Askorbinsäurekonzentration in der Leber (AS) (Abb. 2) und die Aminophenazon-N-Demethylierung durch die 9000*g*-Fraktion der Leber (Abb. 3) von infantilen ♂ Wistar-Ratten im Alter von 23 Tagen. Hinter den arithmetischen Mittelwerten mit Standardfehler der Abb. 2 Anzahl der Einzelmessungen n in Klammern (sie gelten auch für die entsprechenden Gruppen der Abb. 1). In Abb. 3 wird in Klammern die Anzahl der Einzelmessungen/ Anzahl der eingesetzten Tiere aufgeführt

Die Ergebnisse sind in Abb. 1 dargestellt.
Alle Organfraktionen führen zu einer Verlängerung der HBSZ, wobei die Leberfraktionen wirksamer als die Lungenfraktionen sind. Phenobarbital allein führt in bekannter Weise zu einer Verkürzung der HBSZ auf 12% des Kontrollwertes, von den Organfraktionen hat nur Leberüberstand einen sicher hemmenden Einfluß auf diesen Induktionseffekt.

3. Die Leber-AS-Konzentration wurde bei den gleichen Tieren wie unter 2. bestimmt. Die Ergebnisse zeigt Abb. 2. Nach Phenobarbitalbehandlung steigt die AS-Konzentration um 40 bis 50% des Kontrollwertes. Die Organfraktionen allein beeinflussen die AS-Konzentration nicht signifikant. Durch alle Fraktionen wird der Induktionseffekt abgeschwächt, am stärksten durch Leberüberstand.

4. Die Aminophenazon-N-Demethylierung durch die 9000*g*-Leberüberstandsfraktion wurde bei den gleichen Tieren wie unter 2. bestimmt. Die Ergebnisse sind in Abb. 3 dargestellt.
Die alleinige Vorbehandlung mit Organfraktionen foetaler Leber oder Lunge hat keinen Einfluß. Phenobarbital-Vorbehandlung steigert die Amino-

phenazon-N-Demethylierung um das 7fache, zusätzliche Behandlung mit Lungenfraktionen oder Leberkernfraktion beeinflußt diesen Induktionseffekt nicht. Nur bei zusätzlicher Behandlung mit Leberüberstandsfraktion wird der Induktionseffekt um die Hälfte abgeschwächt.

5. Nach Vorbehandlung mit Phenobarbital plus Überstands- bzw. Niederschlagsfraktion von Leber und Milz von erwachsenen Tieren bzw. mit den Organfraktionen oder Lösungsmittel allein wurde die HBSZ bestimmt. Die Ergebnisse sind in Abb. 4 dargestellt.

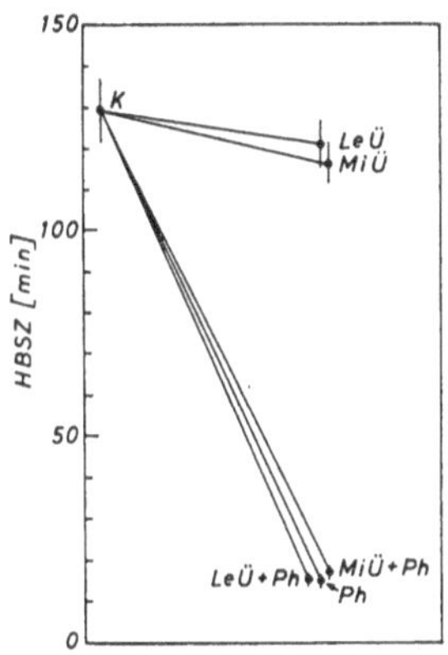

Abb. 4

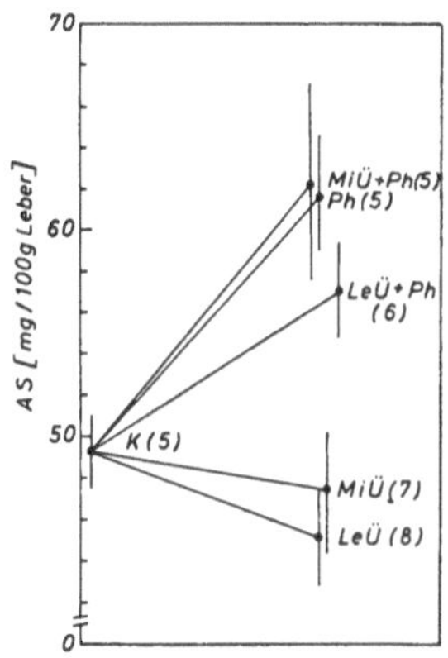

Abb. 5

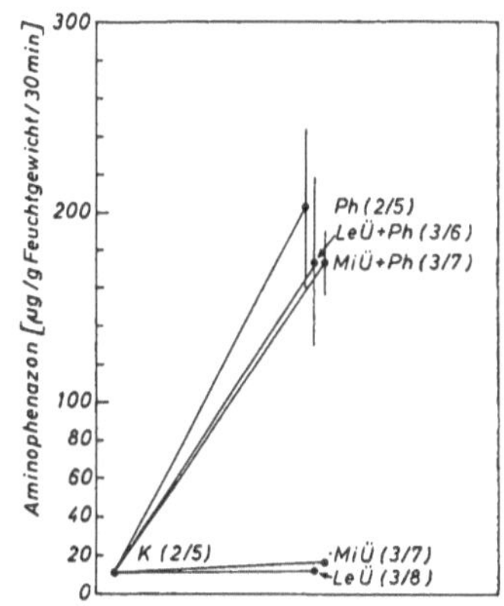

Abb. 6

Abb. 4–6. Wirkung von 3 · 80 mg/kg KG Phenobarbital (Ph) i. p. und von Überstandfraktionen (Ü) von Leber (Le) und Milz (Mi) erwachsener ♂ Ratten auf die Hexobarbitalseitenlagenzeit (HBSZ) (Abb. 4), die Askorbinsäure-Konzentration in der Leber (AS) (Abb. 5) und die Aminophenazon-N-Demethylierung durch die 9000*g*-Fraktion der Leber (Abb. 6) von infantilen ♂ Wistar-Ratten im Alter von 19 Tagen. Hinter den arithmetischen Mittelwerten mit Standardfehler der Abb. 5 Anzahl der Einzelmessungen n in Klammern (sie gelten auch für die entsprechenden Gruppen der Abb. 4). In Abb. 6 wird in Klammern die Anzahl der Einzelmessungen/Anzahl der eingesetzten Tiere aufgeführt

Durch die Behandlung mit den Organpräparationen allein werden die Kontrollwerte nicht beeinflußt und auch die ausgeprägte HBSZ-Verkürzung durch Phenobarbital wird nicht verändert.

6. Die Bestimmung der Leber-AS-Konzentration erfolgte bei den gleichen Tieren wie unter 5. Die Ergebnisse sind in der Abb. 5 dargestellt. Sie entsprechen vollkommen denen der HBSZ: Die Behandlung mit Organpräparationen beeinflußt weder den Kontrollwert noch den Induktionseffekt nach Phenobarbitalbehandlung.

7. Die Aminophenazon-N-Demethylierung durch die 9000*g*-Leberüberstandsfraktion wurde bei den gleichen Tieren wie unter 5. bestimmt. Die Ergebnisse sind in Abb. 6 dargestellt.

Wie bei den vorangehend beschriebenen Induktionsbeispielen wird der ausgeprägte Induktionseffekt durch Phenobarbitalvorbehandlung durch eine zusätzliche Behandlung mit Organüberstandsfraktion von Milz und Leber erwachsener Tiere nicht beeinflußt, auch der Kontrollwert wird nicht verändert.

Diskussion

Das wesentliche Ergebnis unserer Untersuchungen sehen wir darin, daß es möglich war, unter unseren Versuchsbedingungen den auf Grund vorangegangener Untersuchungen [1, 2, 8—10] vermuteten Repressor auf infantile Tiere mit bereits hoher Grundaktivität und guter Induzierbarkeit mikrosomaler Enzyme [3—8] zu übertragen und in der Leberüberstandsfraktion zu lokalisieren. Er führt zu einer Senkung der Grundaktivitäten und zu einer Hemmung bzw. Unterdrückung der Induktionseffekte. Diesen Faktor konnten wir in der Leber erwachsener Tiere nicht nachweisen.

Fouts und Adamson [20] beschrieben einen Hemmfaktor in der Kern- und Mitochondrienfraktion der Leber neugeborener Tiere, der in vitro die Arzneimittelbiotransformation durch die 9000*g*-Fraktion von Lebern erwachsener Tiere verminderte. Er konnte von anderen Untersuchern [21—27] an verschiedenen Modellen nicht nachgewiesen werden. Sollte er wirklich existieren, kann er mit unserem Faktor nicht identisch sein, da der von Fouts und Adamson [20] in der Niederschlagsfraktion gefundene in vitro bereits vorhandene Aktivität hemmte, wie es auch von Hormonen bekannt ist [2, 28—32], während der von uns in der Überstandsfraktion nachgewiesene bei Übertragung in vivo offenbar die Bildung aktiver mikrosomaler Enzyme unterdrückt. Unsere Befunde unterstreichen die Vermutung von Dutton [33] bezüglich der Entwicklung der Glukuronyltransferase: „The other natural 'inhibitors' or 'repressors' — those which may preclude demonstration of full GT activity in the foetus or neonate — have yet to be demonstrated. They presumably affect GT-synthesis, not activity.“ Auch Gartner und Arias [34] vermuteten die Freisetzung eines Inhibitors in Homogenaten von Lebern neugeborener Ratten, da Schnitte eine weit höhere Glukuronidierungsfähigkeit aufwiesen.

Flint et al. [35] konnten in Versuchen an neugeborenen Kaninchen in Lebergalle, Nabelschnurblut, Schwangerenurin und auch unter verschiedenen Hormonen keinen Faktor finden, der für die Steuerung der Reifung mikrosomaler Enzyme verantwortlich sein könnte.

Während wir durch unsere Übertragungsversuche in vivo die Existenz eines „Repressors“ in der Überstandsfraktion embryonaler Leber wahrscheinlich machen konnten, wiesen umgekehrt Pitot und Cho [36] nach, daß im Zytoplasma embryonaler Leber der Faktor fehlt, der bei reifen Tieren die Freisetzung von induzierbarer Tryptophanpyrrolase vom Bildungsort (Mikrosomen) bewirkt. Im Lichte unserer Hypothese mußte demnach beim Foeten die Bildung dieses Freisetzungsfaktors durch einen „Repressor" unterdrückt werden.

Die Befunde von CRAMER et al. [37], INSCOSE und AXELROD [38] und unserer Arbeitsgruppe [1, 2], daß bei Foeten ein Induktionseffekt nicht zu erzielen ist, befinden sich nicht im Gegensatz zu den Resultaten anderer Autoren [39—42], die bei Kaninchen, Ratte und Maus an anderen Induktionsbeispielen und mit anderen Induktoren Induktionseffekte bei Foeten nachweisen konnten. Nach NEMETH [43] ist die Induktion in der foetalen Leber nicht nachweisbar oder sehr gering. Sie kann nur beobachtet werden, wenn bereits Grundaktivitäten zu diesem Zeitpunkt meßbar sind [39]. Unsere Hypothese, daß die sog. Reifung mikrosomaler Leberenzyme als „physiologische De-Repression" aufzufassen ist, konnten wir durch unsere hier vorgelegten Befunde wesentlich stützen.

Literatur

[1] FRANKE, H. u. W. KLINGER: Acta biol. med. germ **17**, 507 (1966).
[2] KLINGER, W. u. I. HEINRICH: Acta biol. med. germ. **18**, 493 (1967).
[3] DRISCOLL, S. G. u. D. YI-YUNG HSIA: Pediatrics, N. Y. **22**, 785 (1958).
[4] WHIPPLE, H. E.: Ann. N. Y. Acad. Sci. **111**, 1 (1963).
[5] FOUTS, J. R. u. L. G. HART: Ann. N. Y. Acad. Sci. **123**, 245 (1965).
[6] ANKERMANN, H., W. KLINGER u. A. MÖLLER: Acta biol. med. germ. **14**, 496 (1965).
[7] KLINGER, W. u. B. KRAMER: Acta biol. med. germ. **15**, 707 (1965).
[8] KLINGER, W. u. H. ANKERMANN: Acta biol. med. germ. **17**, 357 (1966).
[9] KLINGER, W., I. HEINRICH u. H. ANKERMANN: Acta biol. med. germ. **17**, 818 (1966).
[10] KLINGER, W., H. ANKERMANN, I. HEINRICH, T. KUSCH, A. NEUGEBAUER, F. K. SPLINTER u. G. ZWACKA: Internationales Symposium zur Senkung der Säuglingssterblichkeit, Berlin 1967.
[11] TRÄGER, L. u. A. WACKER: III. Jahrestagung der Biochemischen Gesellschaft der DDR, Suhl 1966.
[12] KUNZ, W., G. SCHAUDE u. M. SIESS: Naunyn-Schmiedebergs Arch. exp. Path. Pharmak. **253**, 63 (1966).
[13] KUNZ, W., G. SCHAUDE, W. SCHMID u. M. SIESS in: Experimental Study of the Effects of Drugs on the Liver. (= Proc. Europ. Soc. for the Study of Drug Toxicity, Vol. 7.) Excerpta Medica Foundation, Amsterdam 1966, S. 113.
[14] KUNZ, W., G. SCHAUDE, H. SCHIMASSEK, W. SCHMID u. M. SIESS in: Experimental Study of the Effects of Drugs on the Liver. (= Proc. Europ. Soc for the Study of Drug Toxicity, Vol. 7.) Excerpta Medica Foundation, Amsterdam 1966, S. 138.
[15] BRÄUNLICH, H.: Archs int. Pharmacodyn. Thér. **168**, 383 (1967).
[16] GOVIER, W. C.: J. Pharmac. exp. Ther. **150**, 305 (1965).
[17] CHATTERJEE, I. B. u. R. W. MCKEE: Archs Biochem. Biophys. **109**, 62 (1965).
[18] KLINGER, W.: Acta biol. med. germ. **13**, 890 (1964).
[19] JÓHANNESON, T., L. A. ROGERS, J. R. FOUTS u. L. A. WOODS: Acta pharmac. tox. **22**, 107 (1965).
[20] FOUTS, J. R. u. R. H. ADAMSON: Science, N. Y. **129**, 897 (1959).
[21] DUTTON, G. J. u. C. G. GREIG: Biochem. J. **66**, 52 P (1957).
[22] DUTTON, G. J.: Ann. N. Y. Acad. Sci. **111**, 259 (1963).
[23] GRODSKY, G. M., J. V. CARBONE u. R. FANSKA: Proc. Soc. exp. Biol. Med. **97**, 291 (1958).
[24] COMBES, B. u. G. S. STAKELUM: J. clin. Invest. **40**, 1030 (1961).

[25] COMBES, B. u. G. S. STAKELUM: J. clin. Invest. **41**, 750—757 (1962).
[26] WENGLE, B.: Acta Soc. Med. upsal. **68**, 154 (1963).
[27] BRANDT, I. K.: Devl Biol. **10**, 202 (1964).
[28] LATHE, G. H. u. M. WALKER: Biochem. J. **68**, 6P (1958).
[29] LATHE, G. u. M. WALKER: Q. Jl exp. Physiol. **43**, 257 (1958).
[30] HSIA, D. Y.-Y., R. M. DOWBEN, R. SHAW u. A. GROSSMAN: Nature, Lond. **187**, 693 (1960).
[31] HSIA, D. Y.-Y., R. M. DOWBEN u. S. RIABOV: Ann. N. Y. Acad. Sci. **111**, 326 (1963).
[32] HSIA, D. Y.-Y., S. RIABOV u. R. M. DOWBEN: Archs Biochem. Biophys. **103**, 181 (1963).
[33] DUTTON, G. J. in: Some Factors Affecting Drug Toxicity. (Proc. Europ. Soc. for the Study of Drug Toxicity, Vol. 4.) Excerpta Medica Foundation, Amsterdam 1964, S. 121.
[34] GARTNER, L. M. u. I. M. ARIAS: Am. J. Physiol. **205**, 663 (1963).
[35] FLINT, M., G. H. LATHE u. T. R. RICKETTS: Ann. N. Y. Acad. Sci. **111**, 295 (1963).
[36] PITOT, H. C. u. Y. S. CHO: Cold Spring Harb. Symp. quant. Biol. **26**, 371 (1961). Ref.: Ber. ges. Physiol. exp. Pharm. **255**, 115 (1964).
[37] CRAMER, J. W., J. A. MILLER u. E. C. MILLER: J. biol. Chem. **235**, 250 (1960).
[38] INSCOE, J. K. u. J. AXELROD: J. Pharmac. exp. Ther. **129**, 128 (1960).
[39] HART, L. G., R. H. ADAMSON, R. L. DIXON u. J. R. FOUTS: J. Pharmac. exp. Ther. **137**, 103 (1962).
[40] ARIAS, I. M., L. GARTNER, M. FURMAN u. S. WOLFSON: Ann. N. Y. Acad. Sci. **111**, 274 (1963).
[41] ARIAS, I. M., L. GARTNER, M. FURMAN u. S. WOLFSON: Proc. Soc. exp. Biol. Med. **112**, 1037 (1963).
[42] CATZ, CH. u. S. J. YAFFE: Am. J. Dis. Child. **104**, 516 (1962).
[43] NEMETH, A. M.: Ann. N. Y. Acad. Sci. **111**, 258 (1963).

Summary

W. KLINGER, G. ZWACKA and H. ANKERMANN: Investigations on the mechanism of enzyme induction.

XIII. Transmission of a cytoplasmatic inhibiting factor of the development of microsomal liver enzymes from the liver of rat foetuses into infantile rats

Pretreatment of infantile rats with 3 · 80 mg/kg of phenobarbital at daily intervals by intraperitoneal route reduced the hexobarbital narcosis to 10—15 per cent of the control values, increased the ascorbic acid concentration in the liver by 25 to 50 per cent and raised the aminophenazone-N-demethylation through the 9000 g fraction of the liver by 8 to 20 times.

These induction effects could be inhibited or suppressed by a simultaneous pretreatment with liver supernatant fraction of foetal rat liver.

A simultaneous pretreatment with supernatant and nuclear fraction of foetal lung, with placenta, maternal blood or blood plasma had no such effect.

This inhibiting factor could not be demonstrated in the liver supernatant fraction of the liver of adult animals.

Резюме

В. Клингер, Г. Цвака и Х. Анкерманн: Исследования о механизме энзимной индукции.

XIII. Трансмиссия цитоплазматического фактора торможения развития микросомальных печеночных энзимов из печени эмбрионов крыс на инфантильных крыс

Трехкратное внутрибрюшинное введение инфантильным крысам 80 мг/кг фенобарбитала в суточном интервале сократило гексобарбиталовый наркоз до 10—15% контрольной величины, повысило концентрацию аскорбиновой кислоты в печени на 25—50% и увеличило аминофеназон-и-деметилирование через 9000 g фракцию на 8 до 20 раз.

Эти индукционные эффекты удалось тормозить или подавлять одновременной обработкой фракцией надосадой жидкости эмбриональной крысиной печени. Одновременная обработка фракцией надосадочной жидкости и ядерной фракцией эмбриональной печени, плацентой, материнской кровью или кровяной плазмой не имела этого эффекта. Не удалось также обнаружить это торможение во фракции надосадочной жидкости печени взрослых животных.

Acta biol. med. germ., Band 20, Seite 147—154 (1968)

From the Central Drug Research Institute, Lucknow, India
(Director: Dr. M. L. DHAR)

Studies on physiology and biochemistry of the cervix: Changes in the cervix of rats during estrus cycle[1]

I. C. DATTA, J. N. KARKUN and AMIYA B. KAR

(Received: 28. July 1967)

Summary

Effect of estrus cycle on ponderal, histologic and biochemical changes in the rat cervix have been investigated in detail. Parallel studies have been carried out on the uterus. In both tissues these changes have been noted to be maximal during the proestrus/estrus stage, indicating a dominant influence of estrogen. However, some difference in biochemical response of the two tissues has been observed during this period. Apparently, the cervix has its own integrity in an otherwise physiologic utero-cervical unit.

Introduction

HARTMAN [1] used the epigrammatic designation 'step-child' for the cervix while describing the different components of the female genitalia. Indeed, it is surprising that despite its strategic position in the female reproductive constellation, the cervix has received regrettably scant attention as compared to the uterus or the FALLOPPIAN tube. Thus far, biochemical research on this organ has been confined mostly to the malignancy problem and certain gynecologic complications.

Accordingly, it has been considered worthwhile to undertake a systematic and objective study of the cervix under different physiological and experimental conditions. The present communication deals with ponderal, histologic and biochemical changes in the rat cervix during the estrus cycle. Parallel studies have been carried out on the uterus to obtain an integrated picture of the nature of cyclic changes in the two organs.

Material and Methods

Colony bred adult albino rats of the Institute weighing 120—150 g were used in this investigations. The animals were maintained in airconditioned quarters (temperature: 75 ± 2 °F) under uniform husbandry conditions throughout the study period.

[1] Communication no. 1175 from the Central Research Institute, Lucknow, India.
Abbreviations: DE = diestrus, PE = proestrus, E = estrus, ME = metestrus

A group of animals was sacrificed at a particular stage of the estrus cycle after careful examination of the vaginal smears, corroborated by the characteristic macroscopic features of the uterus. The cervix was dissected out according to the procedure of HARKNESS and HARKNESS [2]. The organs were dried between pieces of filter paper and weighed to the nearest 0.1 mg in a ROLLER-SMITH balance. The middle portion of the cervix and the uterus was fixed in BOUINS fluid and serial paraffin sections were stained with EHRLICHS hematoxylin and eosin.

For biochemical studies sufficient amounts of cervical and uterine tissue were pooled to constitute a sample weighing approximately 0.25 g. The sample was kept in a deep freeze (−20 °F) for subsequent processing. The methods of biochemical determinations were the same as employed in previous studies [3, 4].

Results

Cervix: It will be evident from the results presented in Table 1 that the wet weight of the cervix was minimal at DE but increased markedly during PE and E (DE vs. PE or E, $P < 0.01$). The ME value was significantly lower than that at E or PE ($P < 0.01$), but continued to be higher than DE ($P < 0.01$).

Table 1

Changes in rat cervix during estrus cycle

Parameters	Diestrus	Proestrus	Estrus	Metestrus
Wet weight (mg)	15.9 (68)[1] (14.3–17.5)	42.8 (50) (39.4–46.2)	39.6 (40) (35.8–43.4)	28.3 (56) (25.7–30.9)
Total solids (g/100 g)	39.15[2] (33.74–45.43)	33.94 (29.25–39.40)	39.52 (34.06–45.85)	32.18 (27.73–37.35)
Protein (g/100 g)	10.75 (9.98–11.57)	14.84 (13.78–15.98)	16.52 (15.34–17.78)	13.56 (12.59–14.60)
Non-protein nitrogen (mg/100 g)	269.2 (222.7–325.2)	246.2 (203.8–297.6)	269.6 (223.0–325.7)	252.4 (208.9–305.0)
RNA-P (mg/100 g)	30.85 (28.56–33.33)	44.20 (40.92–47.74)	48.29 (44.70–52.16)	30.24 (28.00–32.67)
DNA-P (mg/100 g)	31.58 (29.33–33.99)	28.55 (26.53–30.73)	26.26 (24.40–28.27)	28.73 (26.69–30.93)
Glycogen (mg/100 g)	33.65 (31.32–36.16)	51.71 (48.12–55.56)	63.80 (59.37–68.55)	59.43 (55.31–63.86)
Lactic acid (mg/g)	8.52 (7.68–9.45)	13.06 (11.77–14.49)	13.39 (12.06–14.86)	11.04 (9.95–12.25)
Acid sol. phosphorus (mg/100 g)	52.10 (49.83–54.46)	71.35 (68.25–74.59)	70.41 (67.35–73.60)	53.88 (51.53–56.32)
Inorganic phosphorus (mg/100 g)	37.15 (34.13–40.43)	29.46 (27.08–32.07)	27.72 (25.47–30.17)	38.09 (34.99–41.45)
Acid phosphatase (mg P/g/hr.)	1.86 (1.72–2.02)	2.08 (1.92–2.25)	2.40 (2.22–2.59)	1.89 (1.75–2.04)
Alkaline phosphat. (mg P/g/hr.)	3.16 (2.71–3.68)	5.65 (4.85–6.58)	5.73 (4.92–6.68)	3.86 (3.31–4.50)
Phospholipids (g/100 g)	0.58 (0.50–0.68)	0.86 (0.74–1.01)	1.20 (1.03–1.40)	0.60 (0.51–0.70)

[1] No. of tissue samples

[2] Mean of 5 estimations with 95% fiducial limits in parenthesis

Histologically, the cervix presented infantile features during DE with a somewhat thin muscularis; inconspicuous, non-keratinized squamous epithelium; and a dense stroma with compact collagen fibres (Fig. 1). Marked changes were noticed during PE: the muscularis became thick, the epithelium was conspicuously stratified, and the stroma loose and edematous (Fig. 2). These changes were more pronounced during E as evidenced by keratinization of the epithelium, further looseness and edema of the stroma, and thickening particularly of the circular muscle layer (Fig. 3). The vascularity of the organ also increased. During ME the keratinization and stratification of the epithelium was reduced and the stroma became somewhat compact and less edematous (Fig. 4).

The percentage of total solids of the cervical tissue did not show any noteworthy cyclic alterations. The protein concentration increased significantly at PE and E (vs. DE, $P < 0.01$, Table 1); at ME the level tended to approach control value. The nonprotein nitrogen did not exhibit any cyclic changes.

A similar pattern was noticed with RNA concentration: there was a marked increase during PE and E (vs. DE, $P < 0.01$) followed by a decline to DE level at ME. In contrast, except for a drop at E (vs. DE, $P < 0.01$) the DNA concentration was virtually constant.

Glycogen level increased progressively to attain a peak at E (vs. DE or PE, $P < 0.01$, Table 1); at ME the values declined slightly but continued to remain higher than that at DE ($P < 0.01$). On the other hand, the lactic acid concentration was elevated virtually to the same extent during PE and E (vs. DE, $P < 0.01$), after which the pattern was similar to glycogen (E vs. ME, $P < 0.05$; DE vs. ME, $P < 0.01$, Table 1).

The concentration of acid soluble and inorganic phosphorus showed different type of changes during the cycle. Thus the acid soluble phosphorus level increased during PE and E stages (vs. DE, $P < 0.01$, Table 1) to record a decline at ME. On the other hand, the inorganic phosphorus concentration showed a decline at PE and E (vs. DE, $P < 0.01$) followed by rise to DE level (Table 1).

The acid and alkaline phosphatase activity recorded progressive increase to attain the maximum at E (vs. DE, $P < 0.01$, Table 1); at ME the activity of the enzymes reverted to DE level. The same pattern was valid for phospholipids (DE vs. PE or E, $P < 0.01$).

Uterus: The uterine weight increased markedly during PE and E (vs. DE, $P < 0.01$, Table 2), but showed a relative decline at ME (vs. PE, $P < 0.01$). However, the ME value continued to be significantly higher than that of DE ($P < 0.01$).

Histologically, the uterus presented typical infantile features at DE with a thin serosa and muscularis, low cuboidal epithelium and small glands. The stroma was fibrocellular and the vascularity of the organ was poor. The cavum was slit-like. At PE there was growth of the serosa and the muscularis. The surface epithelium was high columnar. The stroma was somewhat

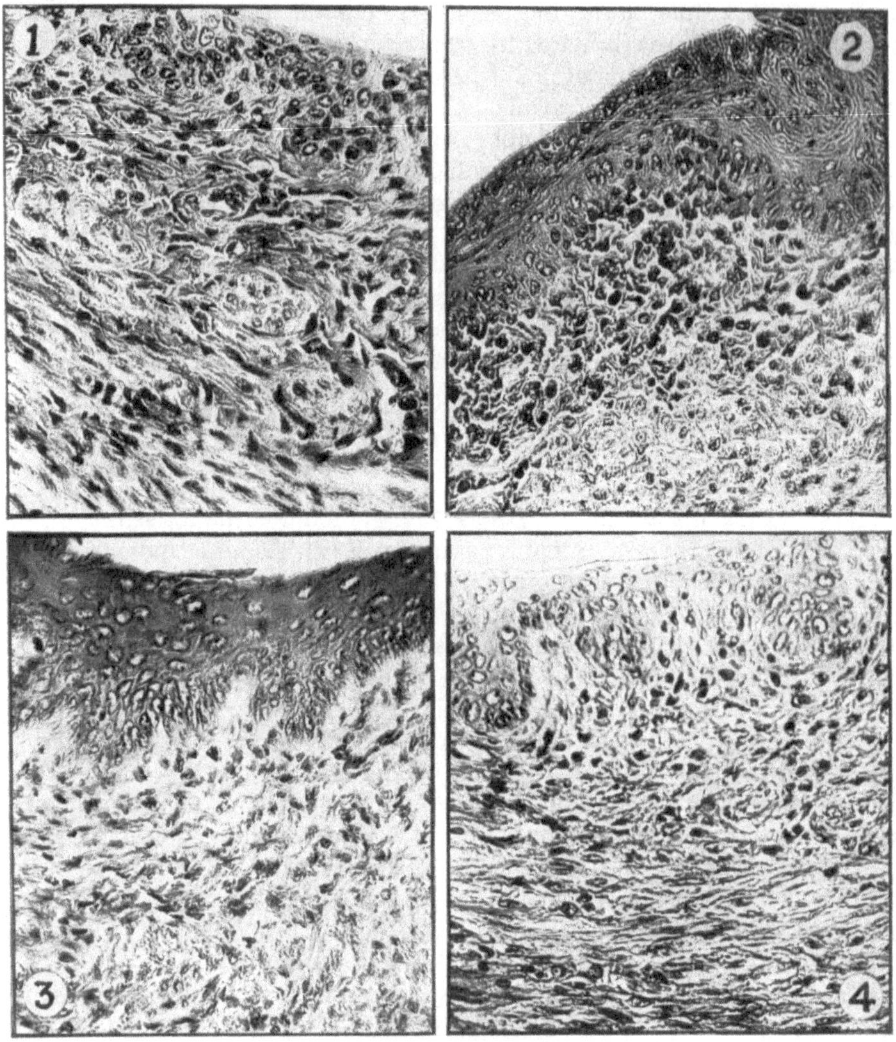

Fig. 1. The cervix of a rat during diestrus. Note non-keratinized, inconspicuous epithelium and compact stroma. × 350

Fig. 2. The cervix of a rat during proestrus. Note stratification of the epithelium and edematous condition of the stroma. × 350

Fig. 3. The cervix of a rat durings estrus. Note keratinization of the stratified squamous epithelium and edematous stroma. × 350

Fig. 4. The cervix of a rat during metestrus. The epithelial stratification and keratinization are less prominent than in the estrus stage. The stroma is more compact. × 350

Table 2
Changes in rat uterus during estrus cycle

Parameters	Diestrus	Proestrus	Estrus	Metestrus
Wet weight	111.9 (30)[1]	253.2 (30)	240.4 (30)	211.6 (30)
(mg)	(93.7-130.1)	(228.3-278.1)	(217.8-263.0)	(192.6-230.6)
Total solids	34.73[2]	26.34	32.29	24.63
(g/100 g)	(31.30-38.53)	.(23.74-29.23)	(29.12-35.83)	(22.20-27.33)
Protein	11.08	12.90	14.04	11.32
(gm/100 g)	(10.39-11.82)	(12.09-13.77)	(13.15-14.97)	(10.61-12.08)
Non-protein nitroen	181.2	201.2	216.8	166.5
(mg/100 g)	(164.8-199.4)	(182.9-221.4)	(197.0-238.4)	(151.5-183.2)
RNA-P	35.95	53.25	58.85	36.37
(mg/100 g)	(33.13-39.00)	(49.08-57.77)	(54.25-63.86)	(33.52-39.46)
DNA-P	29.51	19.36	28.28	37.99
(mg/100 g)	(26.58-32.77)	(17.44-21.51)	(25.47-31.41)	(34.22-42.19)
Glycogen	38.50	53.03	53.19	58.55
(mg/100 g)	(36.46-40.64)	(50.21-56.01)	(50.36-56.16)	(55.43-61.83)
Lactic acid	8.72	14.42	11.43	9.33
(mg/g)	(8.04-9.45)	(13.30-15.63)	(10.55-12.39)	(8.61-10.12)
Acid sol. phosphor.	76.24	93.05	94.27	84.22
(mg/100 g)	(72.23-80.49)	(88.14-98.22)	(89.31-99.52)	(79.78-88.90)
Inorganic phosphor.	42.17	40.33	30.98	45.17
(mg/100 g)	(41.25-43.11)	(39.46-41.24)	(30.31-31.68)	(44.18-46.17)
Acid phosphatase	1.19	2.34	2.06	1.77
(mg P/g/hr.)	(1.07-1.32)	(2.10-2.60)	(1.85-2.29)	(1.59-1.96)
Alkaline phosphat.	3.17	5.00	4.64	4.30
(mg P/g/hr.)	(2.80-3.59)	(4.42-5.65)	(4.11-5.25)	(3.81-4.87)
Phospholipids	0.80	1.17	1.00	0.82
(g/100 g)	(0.75-0.87)	(1.09-1.26)	(0.93-1.08)	(0.76-0.88)

[1] No. of tissue samples
[2] Mean of 6 estimations with 95% fiducial limits in parenthesis

loose and edematous with conspicuous development of the glands. The glandular epithelium showed frequent mitotic figures. The cavum was tortuous owing to the villi-like foldings of the endometrium. The vascularity of the organ was also increased. The changes during the E state were more or less of a similar nature but more pronounced. The surface epithelium consisted of high spindle-shaped cells. There was polymorphonuclear leucocyte infiltration into the stroma and the lumina of some glands. During ME the surface epithelium continued to be columnar but the stroma was rather dense. Some of the glands were engorged with secretion, others showed signs of secretory exhaustion.

It will be seen from the results presented in Table 2 that the protein concentration of the uterus showed a progressive increase with the peak at E (vs. DE, $P < 0.01$). At ME the value was not different from that of DE. A somewhat similar trend was noticed with non-protein nitrogen level but the values (DE vs. PE or E) were not statistically significant. However, at ME the level declined to the DE values. The pattern of changes in protein concentration was also valid for RNA level, but a different picture was noticed with DNA. The minimal and maximal values were recorded at PE and ME respectively (vs. DE, $P < 0.01$).

The concentration of glycogen was highest at PE and E (vs. DE, $P < 0.01$, Table 2); at ME the level increased still further (vs. PE or E, $P < 0.05$). The lactic acid level was elevated maximally at PE only (vs. DE, $P < 0.01$). This pattern was somewhat different from that seen in the cervix.

The acid-soluble phosphorus level was elevated during PE and E (vs. DE, $P < 0.01$, Table 2) but declined during ME, although the values continued to be above DE concentration ($P < 0.05$). A marked decrease in the level of inorganic phosphorus was characteristic of the uterus at estrus (vs. DE, $P < 0.01$).

The acid phosphatase recorded maximal activity at PE (vs. DE, $P < 0.01$), thereafter there was a progressive decline (PE vs E or ME, $P < 0.05$ and 0.01 respectively). However, the ME value continued to be higher than that at DE ($P < 0.01$, Table 2). The alkaline phosphatase activity was maximal during PE and E (vs. DE, $P < 0.01$); a slight decrease at ME was a feature. However, ME values continued to be higher than that of DE ($P < 0.001$). The same pattern was seen for phospholipids except that the ME values declined to be DE level.

Discussion

The results of the present study show that the rat cervix records marked ponderal and histologic stimulation during the PE/E stage which is the period of maximal sexual receptivity in this species. These findings are in general agreement with those of HARKNESS and HARKNESS [2] and HAMILTON [5]. Cyclic histologic changes have also been reported in the cervix of guinea pigs [6], cow [7] and the rhesus monkey [8]. In all these animals the maximal activity of the organ coincided with estrus or ovulation. In human female the cyclic microscopic alterations in the cervical tissue have not been so adequately documented [1].

The biochemical findings lend support to such stimulatory response of the cervix during PE/E. This is indicated by increased synthesis of protein and nucleic acids during this period as well as by a rise in concentration of some of the critical biochemical constituents. Thus an elevated glycogen level at these stages may denote its enhanced formation through the activity of glycogen synthesizing enzymes. The presence of these enzymes has, in fact, been reported in the human cervix [9].

What is more important in the present context is the possibility that apart from active synthesis, glycogen is also metabolized at an accelerated rate to sustain the energy requirements of the cervix during PE/E. An increased phosphorylation of glycogen seems to occur as indicated by a reduced concentration of inorganic phosphorus and a rise in organic phosphate esters containing high energy phosphorus compounds. Further, a pari passu increase in lactic acid level suggests that the glycolytic processes are considerably stimulated during this period. This supports the dominant role of anaerobic glycolysis in the cervix like that in the uterus during PE/E [10].

It is now well authenticated that spermatozoa prefer an anaerobic environment during their transit through the female genital tract [11]. In consonance with this, the increased lactic acid production by the cervix assumes considerable physiologic importance. Lactic acid is known to be a critical substrate for metabolism of spermatozoa [12—14].

The increased phospholipid concentration during PE/E is probably related to growth of the cervix. Marked alkaline phosphatase activity may be concerned with active transport of metabolites from the cervical epithelium into the lumen. Such a role of this enzyme has been suggested for the guinea pig cervix [15]. An increased acid phosphatase activity may signify disintegration of lysosomes and liberation of this (and other) hydrolytic enzymes to provide simpler organic moities to the cercival mucus.

The changes in the uterus during estrus cycle follow a similar pattern except for certain details in the biochemical aspects. These concern some nuances in glycogen, lactic acid, phospholipid and acid phosphatase concentration in the two tissues during PE/E. Although no positive explanation can be offered, it is conceivable that these nuances reflect a difference in sensitivity of the two tissues to sex hormones particularly estrogen, with respect to time and degree. In point of fact, such differential response of the uterus and the Falloppian tube to sex hormones is on record [16]. Nevertheless, these nuances do not malign the integrity of the cervix in an otherwise physiologic utero-cervical unit. It may be added in passing that the uterine changes (ponderal, histologic and biochemical) observed in the present study are in full accord with those reported previously [17].

Acknowledgement

This investigation was supported by a grant from the Ford Foundation and the Ministry of Health and Family Planning, Govt. of India. The authors are grateful to Dr. M. L. Dhar for his interest in this study. One of them (I.C.D.) is a Senior Research Fellow of the Council of Scientific and Industrial Research. Thanks are due to Mr. P. A. George for statistical analysis of the data; Messrs. R. L. Gupta, K. Narain and G. D. Tewari for technical assistance; and Mr. S. K. Nath for the photomicrographs.

Literature

[1] Hartman, C. G.: Ann. N. Y. Acad. Sci. 97, 564 (1962).
[2] Harkness, M. L. R. u. R. D. Harkness: J. Physiol., Lond. 148, 324 (1939).
[3] Kar, A. B., V. P. Kamboj, A. Goswami u. S. R. Chowdhury: J. Reprod. Fert. 9, 317 (1965).
[4] Kar, A. B., V. P. Kamboj, H. Chandra u. J. N. Karkun: Indian J. exp. Biol. 4, 171 (1966).

[5] Hamilton, C. E.: Anat. Rec. **97**, 47 (1947).
[6] Jurrow, H. N.: Am. J. Obstet. Gynec. **45**, 762 (1943).
[7] Hafez, E. S. E. u. I. Gordon: Reproduction in Farm Animals. Lea and Febiger, Philadelphia 1962.
[8] Hamilton, C. E.: Contr. Embryol. **33**, 81 (1949).
[9] Foraker, A. G. u. G. A. Marino: Obstet. Gynec., N. Y. **17**, 311 (1961).
[10] Dirscherl, W., H. Schriefers u. H. Breuer: Acta endocr., Copenh. **20**, 181 (1955).
[11] Gross, M.: Fert. Steril. **12**, 245 (1961).
[12] Wallace, J. C. u. R. G. Wells: J. Reprod.Fert. **8**, 187 (1964).
[13] O'Shea, T. u. Wales, R. G.: Cited by (12).
[14] McLeod, J.: Am. J. Physiol. **132**, 193 (1941).
[15] Burgos, M. H. u. G. B. Wislocki: Endocrinology **59**, 93 (1956).
[16] Lerner, L. J., D. N. Harris, R. Hilf, A. Bianchi u. B. K. Baskin. Proc. 2nd Int. Congr. Horm. Steroids, Milan 1966. Excerpta Medica Foundation Amsterdam, 1966.
[17] Everett, J. W. in: Sex and Internal Secretions. W. C. Young (Hrsg.) 3. Aufl. **1**. Williams and Wilkins, Baltimore 1961.

Zusammenfassung

I. C. Datta, J. N. Karkun u. Amiya B. Kar: Untersuchungen zur Physiologie und Biochemie der Cervix: Veränderungen in der Rattencervix während des Brunstzyklus

Es wurde der Einfluß des Brunstzyklus auf das Gewicht sowie auf histologische und biochemische Veränderungen der Rattencervix untersucht. Parallele Untersuchungen erfolgten am Uterus. In beiden Geweben waren maximale Veränderungen während des präöstrischen und des östrischen Stadiums zu verzeichnen, was auf den vorwiegenden Einfluß des Östrogens hinweist. Jedoch wurde in dieser Periode ein gewisser Unterschied in der biochemischen Reaktion beider Gewebe beobachtet. Offenbar besitzt das Cervixgewebe bei einer im übrigen physiologischen Einheit von Uterus und Cervix seine eigene Integrität.

Резюме

И. К. Датта, Й. Н. Каркун и А. Б. Кар: Исследования о физиологии и биохимии шеи: изменения в шее крысы во время цикла течки

Изучалось влияние цикла течки на весовые, гистологические и биохимические изменения шеи крысы. Параллельные исследования проводились на матке. В обеих тканях отмечались максимальные изменения во время предтечковой и течковой стадии, что указывает на преимущественное влияние эстрогена. Однако в этот период наблюдаются различие в биохимической реакции обеих тканей. Ткань шеи очевидно располагает собственным интегритетом, несмотря на физиологическое единство матки с шеей.

Acta biol. med. germ., Band 20, Seite 155—162 (1968)

From the Central Drug Research Institute, Lucknow, India
(Director: Dr. M. L. DHAR)

Studies on physiology and biochemistry of the cervix: Effect of estrogen and progesterone on the rat cervix[1]

I. C. DATTA, J. N. KARKUN and AMIYA B. KAR

(Received 28. July 1967)

Summary

The effect of estrogen and progesterone either per se or in combination, on the cervix and the uterus of ovariectomized rats has been investigated with respect to ponderal, histological and biochemical indices. The sensitivity of the two tissues to the steroids seems to differ, even though they are integrated as a physiologic utero-cervical unit. Also, the nature of relationship of the steroids (synergistic or antagonistic) is not always the same in the two tissues as indicated by the differential response of certain biochemical parameters.

Introduction

It has been reported previously that the rat cervix shows marked ponderal, histologic and biochemical changes during the estrus cycle [1]. Parallel studies revealed in general similar nature of alterations in the uterus, but certain nuances in pattern of biochemical changes were noteworthy. These nuances were not quantitatively substantial, yet consistent enough to testify to the locus standus of the cervix in an otherwise physiologic utero-cervical unit. Further, a dominant influence of estrogen on this unit was indicated from the results of the study [1].

Accordingly, it was deemed worthwhile to examine the extent to which the changes observed in the cervix during estrus cycle could be reproduced in ovariectomized rats subjected to estrogen and progesterone therapy. As before [1], parallel studies were carried out on the uterus. The effect of estrogen on biochemical constituents of the ovariectomized rat uterus has been well documented [2].

Material and methods

Colony bred virgin albino rats of the Institute weighing 100—150 g were used in this investigation. They were maintained in airconditioned quarters (temperature: 75±2 °F) under uniform husbandry conditions throughout the experimental period.

[1] Communication no. 1176 from the Central Drug Research Institute, Lucknow, India.

The animals were ovariectomized and after a rest period of 10 days subjected to hormone therapy. Estradiol dipropionate (in 0.2 ml sterile olive oil) was injected intramuscularly at the rate of 1 μg, daily for 7 days. Progesterone (1 mg daily in 0.2 ml sterile olive oil) was administered by the same route for the same period. A group of animals was injected with the two hormones conjointly. The controls received the solvent alone in a similar manner.

The animals were sacrificed 24 hours after the last injection. The cervix and the uterus were carefully dissected out, blotted dry between pieces of filter paper and weighed to the nearest 0.1 mg in a ROLLER-SMITH balance. Pieces of these tissues were fixed in BOUIN's fluid, serial paraffin sections were stained with EHRLICH's hematoxylin and eosin. The methods employed for biochemical studies were the same as in the previous report [1].

Results

Cervix: It will be evident from the results presented in Table 1 that estrogen caused a very considerable stimulation in weight of the cervix. This was not the case with progesterone or progesterone plus estrogen groups. Estro-

Table 1
Effect of estrogen and progesterone on the cervix of ovariectomized rats

Parameters	Cotrol (ovariecto-mized)	Estrogen	Estrogen + progesteron	Progesterone
Wet weight	15.8 (74)	49.3 (39)	45.3 (33)	16.1 (91)
(mg)	(14.8-16.8)	(45.0-53.6)	(40.4-50.2)	(14.9-17.3)
Total solids	41.44[2]	42.17	36.31	39.36
(g/100 g)	(39.59-43.37)	(40.29-44.14)	(34.69-38.00)	(37.60-41.10)
Protein	12.22	15.83	21.51	15.39
(g/100 g)	(11.31-13.18)	(14.67-17.10)	(19.93-23.24)	(14.26-16.61)
Non-protein nitrog.	317.3	260.0	234.7	254.6
(mg/100 g)	(258.7-389.0)	(212.0-318.8)	(191.4-287.8)	(207.6-312.2)
RNA-P	30.84	38.02	35.21	26.14
(mg/100 g)	(28.17-33.77)	(34.72-41.63)	(32.15-38.55)	(23.88-28.63)
DNA-P	22.37	18.57	19.64	35.79
(mg/100 g)	(20.30-24.63)	(16.86-20.45)	(17.83-21.64)	(32.50-39.43)
Glycogen	30.30	75.03	63.77	34.04
(mg/100 g)	(28.05-39.52)	(63.22-89.04)	(53.72-75.68)	(28.68-40.40)
Lactic acid	10.47	15.15	12.94	12.52
(mg/g)	(9.14-11.99)	(13.22-17.34)	(11.30-14.83)	(10.93-14.34)
Acid sol. phosphor.	36.29	66.92	60.39	36.84
(mg/100 g)	(33.76-38.93)	(62.26-71.94)	(56.18-64.92)	(34.28-39.61)
Acid phosphatase	1.38	2.23	2.19	1.47
(mg/P/g/hr.)	(1.32-1.44)	(2.14-2.34)	(2.09-2.29)	(1.40-1.54)
Alkaline phosphat.	1.94	6.00	6.40	3.10
(mg P/g/hr.)	(1.84-2.05)	(5.68-6.33)	(6.07-6.76)	(2.93-3.27)
Phospholipids	0.56	0.83	0.75	0.61
g/100 g)	(0.48-0.64)	(0.72-0.96)	(0.65-0.87)	(0.53-0.71)

[1] No. of samples
[2] Mean with 95% fiducial limits in parenthesis

gen tended to increase the solid content of the cervix but progesterone decreased it. However, the values were not significantly different from those of the controls. In the combined treated animals the solid matter recorded a decline (vs. controls, $P < 0.05$).

Histologically, the cervix of the ovariectomized rats presented typical atrophied features with an inconsticuous, non-stratified epithelium (Fig. 1). The stroma was compact, and so was the circular muscle layer. The vascularity was poor. Estrogen treatment caused metaplastic changes in the epithelium with marked keratinization (Fig. 2). The stroma was loose and edematous. The muscularis showed considerable growth, and the vascularity also increased. The epithelium continued to be atrophied in progesterone treated animals (Fig. 3). The stroma was fibrocellular and somewhat compact. The vascularity was inconspicuous. In the combined treated animals the epithelium was non-stratified as in controls but the stroma tended to be loose (Fig. 4). The vascularity showed some increase.

Estrogen and progesterone markedly elevated protein concentration of the cervix (vs. ovariectomized, $P < 0.01$, Table 1); in the conjoint group a synergistic effect of the two hormones on protein level was a feature (estrogen or progesterone vs. estrogen + progesterone, $P < 0.01$). The steroids per se were ineffective in influencing the non-protein nitrogen concentration but in combination lowered it (vs. ovariectomized, $P < 0.05$).

Estrogen caused an increase in RNA concentration but lowered the DNA level (vs. ovariectomized, $P < 0.5$ and 0.01 respectively). Progesterone had the opposite effect on DNA (vs. ovariectomized, $P < 0.01$, Table 1) but no influence on RNA concentration. Typical estrogen effects were observed on nucleic acid level when the steroids were administered concurrently.

Estrogen elevated glycogen, lactic acid, acid-soluble phosphorus and phospholipid concentration of the cervix (vs. ovariectomized, $P < 0.01$, Table 1), but progesterone was ineffective. Conjoint injection of progesterone tended to antagonize the effect of estrogen on these constituents (estrogen vs. estrogen + progesterone, $P < 0.05$ in case of acid-soluble phosphorus only). Similarly, phosphatase activity was consistently stimulated by estrogen (vs. ovariectomized, $P < 0.01$) but progesterone exerted a similar effect only on alkaline phosphatase (vs. ovariectomized, $P < 0.01$). Typical estrogen effect was noticed on the phosphatases in the combined group.

Uterus: Estrogen stimulated the uterine weight (vs. ovariectomized, $P < 0.01$, Table 2). Progesterone showed a similar effect but to a lesser degree. A partial antagonism of estrogen influence by progesterone was observed in the conjoint group. The solid matter was decreased by estrogen but progesterone increased it. Progesterone magnified estrogen effect on solid matter when administered along with estrogen (Table 2).

Histologically, the uterus of ovariectomized rats presented a typical infantile condition with thin serosa and muscularis. The epithelium was low cuboidal and the stroma fibrocellular. The cavum was slit-like. The glands were atrophied and the vascularity was poor. Estrogen caused marked

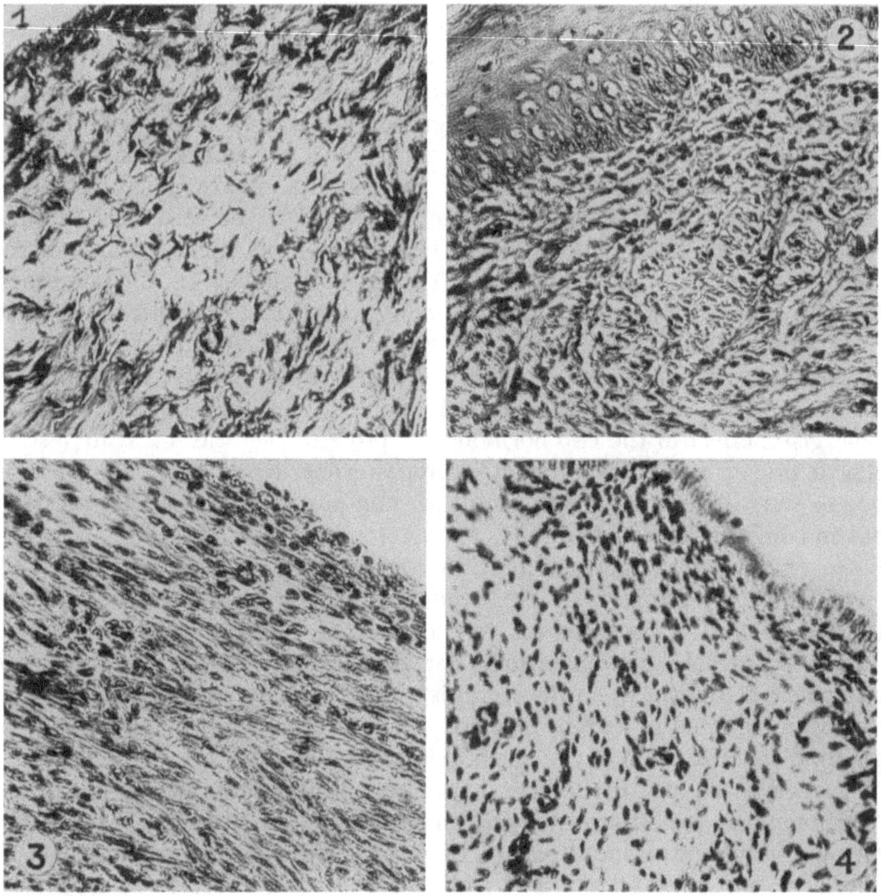

Fig 1. The cervix of an ovariectomized rat. Note inconspicuous epithelium and compact stroma. × 350

Fig. 2. The cervix of an ovariectomized rat treated with estrogen. Note keratinized metaplasia of the epithelium. The stroma is loose and edematous. × 350

Fig. 3. The cervix of an ovariectomized rat injected with progesterone. The epithelium is virtually similar to that of ovariectomized rats. The stroma is somewhat compact. × 350

Fig. 4. The cervix of an ovariectomized rat subjected to estrogen + progesterone therapy. Note non-stratified epithelium and rather loose stroma. × 350

Table 2
Effect of estrogen and progesterone on the uterus of ovariectomized rats

Parameters	Controls (ovariectomized)	Estrogen	Estrogen + progesterone	Progesterone
Wet weight	74.1 (17)[1]	248.1 (17)	213.8 (17)	94.9 (17)
(mg)	(65.4-82.8)	(222.7-273.5)	(192.8-234.8)	(85.1-104.7)
Total solids	31.85[2]	28.54	24.56	35.73
(g/100 g)	(29.74-34.12)	(26.65-30.57)	(22.93-26.30)	(33.35-38.25)
Protein	12.14	15.05	17.94	16.24
(g/100 g)	(11.04-13.36)	(13.68-16.56)	(16.30-19.73)	(14.77-17.87)
Non-protein nitrog.	176.8	193.7	204.5	206.8
(mg/100 g)	(145.6-214.7)	(159.6-235.3)	(168.4-248.3)	(170.4-251.3)
RNA-P	44.09	50.23	53.29	37.86
(mg/100 g)	(41.06-47.34)	(46.78-54.03)	(49.64-57.23)	(35.26-40.65)
DNA-P	50.27	29.27	42.09	52.68
(mg/100 g)	(47.23-53.51)	(27.50-31.16)	(39.55-44.80)	(49.50-56.08)
Glycogen	45.24	55.01	54.74	37.54
(mg/100 g)	(41.21-49.66)	(50.12-60.39)	(49.86-60.08)	(34.20-41.21)
Lactic acid	5.94	13.13	7.96	7.69
(mg/g)	(5.02-6.97)	(11.09-15.33)	(6.73-9.42)	(6.50-9.10)
Acid sol. phosphor.	44.16	80.81	65.31	66.68
(mg/100 g)	(41.73-46.73)	(76.35-85.53)	(61.72-69.11)	(63.01-70.57)
Acid phosphatase	1.02	1.21	1.08	1.47
(mg P/g/hr.)	(0.94-1.11)	(1.11-1.31)	(0.99-1.18)	(1.36-1.60)
Alkaline phosphat.	3.39	4.82	2.72	3.62
(mg P/g/hr.)	(3.09-3.73)	(4.39-5.30)	(2.48-2.99)	(3.30-3.98)
Phospholipids	0.77	1.13	1.06	1.07
(g/100 g)	(0.70-0.83)	(1.04-1.23)	(0.98-1.16)	(0.99-1.17)

[1] No. of samples
[2] Mean with 95% fiducial limits in parenthesis

growth of the serosa and the muscularis. The epithelium consisted of characteristically high spindle-shaped cells. The stroma was loose and edematous with well developed glands. The cavum was tortuous owing to the villi-like foldings of the endometrium. The vascularity of the organ was prominent. Progesterone alone had little effect on histology of the organ, but the combined regime evoked typical estrogenic changes.

Estrogen and progesterone caused a marked increase in protein concentration of the uterus (ovariectomized vs. estrogen or progesterone, $P < 0.01$, Table 2). Progesterone augmented estrogen effect when administered conjointly (progesterone vs. estrogen + progesterone, $P < 0.05$). The steroids had no effect on non-protein nitrogen.

Estrogen increased the RNA concentration of the uterus (ovariectomized vs. estrogen, $P < 0.01$), but decreased the DNA level ($P < 0.05$). Progesterone exerted the opposite effect and failed to modify the estrogenic type of changes.

The uterine concentration of glycogen, lactic acid, acid soluble phosphorus and phospholipids increased prominently after estrogen therapy (vs. ovariectomized, $P < 0.01$, Table 2). Progesterone was ineffective both per se or in combination with estrogen.

The activity of the phosphatases was increased after estrogen injection (vs. ovariectomized, $P < 0.01$, Table 2). Progesterone did not influence acid phosphatase, but stimulated alkaline phosphatase activity (ovariectomized vs. progesterone, $P < 0.01$).

Discussion

The results of the present study show that estrogen causes complete ponderal and histologic recuperation of the cervix of ovariectomized rats. The findings are in gereral agreement with those of HAMILTON [3], FLUHMANN [4] and LEPPI [5].

Interesting biochemical changes are evoked in the cervix by estrogen. These include a rise in protein and RNA level, and a shift in RNA:DNA ratio. These alterations possibly denote an acceleration of protein synthesis in the cervical tissue [6]. A similar picture is encountered in the uterus.

Estrogen causes a marked increase in glycogen, lactic acid and acid soluble phosphorus level of the cervix. Such a pattern has been recorded at the proestrus/estrus stage of the cycle [1]. It has been suggested that glycogen is formed and metabolized at an enhanced rate to sustain the energy requirements of the organ during this stage [1]. The present studies support this contention and indicate that the energy donating processes in the cervix may be predominantly glycolytic and under estrogenic control. A similar situation has been reported to be valid for the uterus [7, 8 and others]. It may be pointed out that the level of these constituents shows the same pattern of changes in the uterus of estrogen treated animals.

The estrogen-induced increase in phospholipid concentration and alkaline phosphatase activity is, again, reminiscent of similar changes observed during proestrus/estrus of cycling rats [1]. The participation of phospholipids in growth processes of the cervix, and alkaline phosphatase in active transport of metabolites from the epithelium into the lumen are suggested.

It is apparent that in contrast to estrogen, progesterone has no effect on weight and histology of the cervix. However, it causes certain noteworthy biochemical changes in the organ. Thus the protein level is appreciably increased and a similar effect of estrogen is clearly magnified when the two are administered in combination. A comparable influence of the hormone on uterine protein concentration is interesting. Pre-treatment with progesterone has been shown to stimulate protein synthesis in the uterus of rats and mice [9].

Curiously, the RNA concentration of both the cervix and the uterus is reduced after progesterone therapy, whereas the opposite effect is exerted on DNA level of the cervix. In the combined regime the progesterone influence on DNA is clearly offset by estrogen. It may be recalled that the latter hormone *per se* lowers the DNA concentration of the cervix.

A different situation pertains to uterine DNA level: progesterone has no effect but estrogen reduces it. In combination, the former antagonizes the inhibitory influence of estrogen on DNA. A lack of effect of progesterone on DNA concentration of the uterus has been recorded in rhesus monkeys and human [10].

Further notable points of difference between the two hormones *vis-a-vis* the cervix concern the response of glycogen, lactic acid, acid soluble phosphorus and phospholipids. The level of these constituents is not influenced by progesterone, nor any significant alteration in the stimulatory effect of estrogen (except acid soluble phosphorus) is recorded. On the other hand, the uterine level of these substances shows clear-cut alterations in progesterone treated animals. Thus glycogen concentration is reduced but the level of others is raised. Bo and ATKINSON [11] observed a similar effect of this hormone on histochemically demonstrable glycogen content of the rat uterus. In point of fact, progesterone is believed to regulate the transport and release of this constituent across the surface and glandular epithelia [12]. It may be added that the steroid raises the level of lactic acid, acid soluble phosphorus and phospholipids in the uterus.

The phosphatases also exhibit differential response to progesterone in the two tissues: in the cervix the alkaline phosphatase activity is stimulated but acid phosphatase does not record any change. The reverse pattern is noticed with the uterus.

In fine, the present study has suggested that the cervix is predominantly under estrogen influence. It is also reiterated that this tissue and the uterus differ in their sensitivity to the ovarian hormones [1, cf. 13]. This may be importantly involved in determining the nature of relationship of the two steroids (synergistic or antagonistic) with respect to ponderal, histologic and biochemical indices in the cervix and the uterus.

Acknowledgements

This investigation was supported by a grant from the Ford Foundation and the Ministry of Health and Family Planning, Govt. of India. The authors are grateful to Dr. M. L. DHAR for his interest in this study. One of them (I. C. D.) is a Senior Research Fellow of the Council of Scientific and Industrial Research. Thanks are due to Mr. P. A. GEORGE for statistical analysis of the data; Messrs. R. L. GUPTA, K. NARAIN and G. D. TEWARI for technical assistance; and Mr. S. K. NATH for the photomicrographs.

Literature

[1] DATTA, I. C., J. N. KARKUN u. A. B. KAR: Acta biol. med. germ. **20**, 147 (1968).
[2] MUELLER, G. C.: Proc. Second Int. Congr. Endocrinol., London, 1964. Excerpta Medica Foundation, Amsterdam 1965.
[3] HAMILTON, C. E.: Anat. Rec. **97**, 47 (1947).
[4] FLUHMANN, C. F.: Archs. Path **59**, 238 (1955).

[5] LEPPI, T. J.: Anat. Rec. **150**, 51 (1964).
[6] ALLISON, J. B., R. W. WANNEMACHER jr. u. W. L. BANKS jr.: Fedn Proc. Fedn Am. Socs exp. Biol. **22**, 1126 (1963).
[7] ROBERTS, S. u. C. M. SZEGO: Physiol. Rev. **33**, 593 (1953).
[8] WEST, T. C. u. P. CERVONI: Am. J. Physiol. **182**, 287 (1955).
[9] GREENWALD, G. S. u. N. B. EVERETT: Anat. Rec. **134**, 171 (1959).
[10] KAR, A. B., S. R. CHOWDHURY, V. P. KAMBOJ, H. CHANDRA u. A. R. CHOWDHURY Int. J. Fert. **10**, 231 (1965).
[11] BO, W. J. u. W. B. ATKINSON: Anat. Rec. **113**, 91 (1952).
[12] BATALI, M. S., L. L. BOWLES, R. B. GREENBLATT u. V. B. MAHESH: Anat. Rec. **151**, 321 (1965).
[13] LERNER, L. J., D. N. HARRIS, R. HILF, A. BIANCHI u. B. K. BASKIN: Proc. Second Int. Congr. Horm. Steroids, Milan, 1966. Excerpta Medica Foundation, Amsterdam, 1966.

Zusammenfassung

I. C. DATTA, J. N. KARKUN u. AMIYA B. KAR: Untersuchungen zur Physiologie und Biochemie der Cervix: der Einfluß von Östrogen und Progesteron auf die Rattencervix

Es wurde die getrennte oder kombinierte Wirkung von Östrogen und Progesteron auf die Cervix und den Uterus von ovariektomierten Ratten im Hinblick auf Veränderungen des Gewichts sowie histologische und biochemische Symptome untersucht. Die Empfindlichkeit der beiden Gewebe gegen Steroide scheint unterschiedlich zu sein, obgleich sie physiologisch eine Einheit darstellen. Auch ist die Art der Wechselwirkung der beiden Steroide (synergistisch oder antagonistisch) in den beiden Geweben nicht immer die gleiche, wie aus der unterschiedlichen Reaktion bestimmter biochemischer Parameter hervorgeht.

Резюме

И. К. Датта, Й. Н. Каркун и А. Б. Кар: Исследования о физиологии и биохимии шеи: действие эстрогена и прогестерона на шею крысы

Изучалось действие эстрогена и прогестерона отделеьно или в сочетании на шею и на матку овариэктомированных крыс в отношении веса, гистологии и биохимии. Чувствительность этих двух тканей очевидно различна, хотя они представляют собой физиологическое единство. Природа взаимодействия стероидов (сннэргистическая или антагонистическая) также не всегда одинакова в этих тканях, о чем свидетельствует различная реакция определенных биохимических параметров.

Acta biol. med. germ., Band 20, Seite 163—172 (1968)

From the Central Drug Research Institute, Lucknow, India
(Director: Dr. M. L. DHAR)

Studies on physiology and biochemistry of the cervix: Changes in cervix of rats during pregnancy and post-partum periods[1]

I. C. DATTA, J. N. KARKUN and AMIYA B. KAR

(Received: 17. 8. 1967)

Summary

Detailed ponderal, histologic and biochemical studies have been carried out on the rat cervix during pregnancy, parturition and post-partum periods. Limited parallel investigations have been conducted on the uterus. After a relative metabolic dormancy during the early stages of pregnancy, the cervix shows considerable activity near term presumably in preparation for parturition. Noteworthy changes also occur in the organ during the post-partum reorganization period. A comparison with alterations in the uterus that take place simultaneously reiterates the distinct identity of the two organs.

Introduction

Morphological and histological changes in the cervix during pregnancy, parturition and post-partum periods have been well documented for mice [1], rats [2—5], cow [6], rhesus monkey [7, 8] and women [9, 10, 11 and others]. However, little attention has been paid to the biochemical alterations occurring in the organ during these periods. The extent knowledge is confined mostly to changes in the distribution and concentration of collagen [3, 4].

Previous studies by DATTA et al. [12, 13] have recorded significant alterations in biochemical composition of the rat cervix during estrus cycle, and after ovariectomy and replacement therapy. From the results of these studies it emerged that the organ is predominantly under estrogen influence and secondly, it is more sensitive to the ovarian hormones than the uterus [12, 13].

Accordingly, it was deemed worthwhile to investigate the ponderal, histologic and biochemical changes in the rat cervix during pregnancy and post-partum reorganization periods. Limited studies on the uterus were also carried out. The dynamic alterations in the titre and metabolism of estrogen and progesterone during these periods are now well authenticated [14].

[1] Communication no. 1177 from the Central Drug Research Institute, Lucknow, India.

Material and Methods

Colony bred adult virgin albino rats of the Institute weighing 120—150 g were used in this investigation. They were mated to coeval males of proven fertility. The day on which the vaginal smears showed the presence of spermatozoa was considered day 1 of pregnancy. The animals were maintained in airconditioned quarters (temperature: 75 ± 2 °F) under uniform husbandry conditions throughout the experimental period.

The pregnant rats were sacrifieced on days 1, 6 and 21 of pregnancy. A few of the animals were killed immediately after parturition (occurred on day 22 post-coitum); others on days 23 and 32 post-coitum (days 1 and 10 post-partum respectively). The mothers were allowed to nurse their offsprings.
The cervix and the uterus were processed as before for histological and biochemical studies [12, 13].

Results

Cervix: It will be evident from the results presented in Table 1 that the weight of the cervix decreased significantly on day 6 of pregnancy (vs. day 1, $P < 0.01$); near term the weight increased several-fold with the peak on day 22 post-coitum. However, within 24 hours of parturition a reduction in weight was already perceptible, and on day 10 post-partum the values declined to half of that on day 1 of pregnancy. The total solid matter decreased markedly on day 21 and remained so till day 1 post-partum; the values increased again at day 10 post-partum (Table 1, Fig. 1).
Histologically, at day 1 of pregnancy the features of the cervix were more or less similar to those of early metestrus stage of the cycle. The epithelium was inconspicuously stratified with little keratinization (Fig. 2). The stroma was dense and only slightly edematous. At day 6 the organ appeared infantile with a non-keratinized mildly stratified epithelium, compact stroma and thin muscularis. The picture resembled the diestrus stage of the cycle [12]. Marked alterations were noticed at day 21. The epithelium appeared to be pseudostratified and wavy. In the stroma the connective tissue bundles were separated into individual fibres leading to a loose and disorganized appearance of the entire area (Fig. 3). The muscular bundles of the circular layer were also widely dispersed apparently due to stretching. The changes in longitudinal muscle layer were somewhat less prominent. The vascularity of the organ also increased. At term the features were virtually similar except that the number of fibroblasts was less and polymorphnuclear leucocytes were seen in the stroma.
Involutional changes were already apparent in the cervix on day 1 post-partum. The epithelium was stratified with occasional mitotic figures which indicated its active regeneration (Fig. 4). The stroma was more compact and organized. This was also the case with the circular muscle layer. The polymorphnuclear leucocytic infiltration of the stroma was relatively mild. However, in some areas the stroma still presented a disorganized appearance (Fig. 5). At day 10 post-partum the features of the cervix were typically diestrus [12].

Table 1

Effect of pregnancy on biochemical composition of the rat cervix

Parameters	Days post-coitum					
	1	6	21	22[3]	23	32
Wet weight	33.8 (35)[1]	22.1 (49)	104.5 (13)	133.6 (13)	125.6 (14)	15.4 (52)
(mg)	(31.4–36.2)	(20.7–23.5)	(89.2–119.8)	(122.5–144.7)	(115.5–135.7)	(14.4–16.4)
Toral solids	43.50[2]	56.39	27.27	33.47	30.89	37.31
(g/100 g)	(29.72–63.68)	(49.85–63.80)	(24.02–30.95)	(29.67–37.77)	(27.53–34.65)	(27.06–51.42)
Protein	11.89	10.10	8.82	8.38	11.41	19.07
(g/100 g)	(6.01–24.07)	(7.07–14.43)	(7.14–10.91)	(7.11–9.86)	(9.10–14.32)	(14.40–25.25)
Non-protein nitrogen	197.9	201.7	148.8	171.6	150.4	232.1
(mg/100 g)	(187.8–208.4)	(158.2–257.2)	(117.6–188.5)	(138.9–212.3)	(141.2–160.2)	(191.3–281.7)
RNA-P	23.96	21.69	17.87	22.07	34.40	32.00
(mg/100 g)	(12.19–47.13)	(13.28–35.41)	(14.27–22.93)	(19.23–25.31)	(31.32–37.77)	(29.93–34.22)
DNA-P	35.37	36.68	15.98	20.37	55.81	57.54
(mg/100 g)	(31.43–39.79)	(31.40–42.87)	(11.52–22.15)	(16.22–25.58)	(50.13–62.13)	(46.64–71.01)
Glycogen	31.51	42.21	39.24	55.88	34.42	43.05
(mg/100 g)	(21.29–46.63)	(36.61–48.65)	(32.12–47.96)	(50.73–61.53)	(21.65–54.70)	(34.35–53.96)
Lactic acid	5.88	6.56	13.06	13.05	13.07	5.90
(mg/g)	(4.72–7.34)	(5.60–7.69)	(11.05–15.44)	(10.95–15.55)	(11.36–15.03)	(4.36–7.97)
Acid sol. phosphorus	57.28	52.43	46.26	33.86	39.68	55.49
(mg/100 g)	(46.31–70.84)	(39.43–69.72)	(41.06–52.12)	(28.85–39.74)	(34.32–45.86)	(46.25–66.58)
Inorganic phosphorus	39.15	37.93	28.14	21.17	26.69	27.49
(mg/100 g)	(35.24–43.51)	(32.47–44.31)	(23.34–33.94)	(15.25–29.39)	(23.73–30.01)	(24.57–30.77)
Acid phosphatase	1.37	1.07	1.09	1.08	1.29	1.64
(mg P/g/hr.)	(1.10–1.70)	(0.84–1.37)	(0,79–1.51)	(0.83–1.40)	(1.12–1.49)	(0.72–3.72)
Alkaline phosphatase	6.61	4.63	4.49	8.51	13.53	4.44
(mg P/g/hr.)	(5.01–8.72)	(3.55–4.80)	(3.78–5.33)	(7.33–9.87)	(11.86–15.43)	(3.26–6.05)
Phospholipids	1.31	1.01	0.44	0.67	0.91	1.44
(g/100 g)	(0.85–2.04)	(0.91–1.12)	(0.35–0.57)	(0.62–0.73)	(0.82–1.01)	(0.80–2.55)

[1] No. of tissue samples. — [2] Mean of 6 estimations with 95% fiducial limits in parenthesis. — [3] Day of parturition

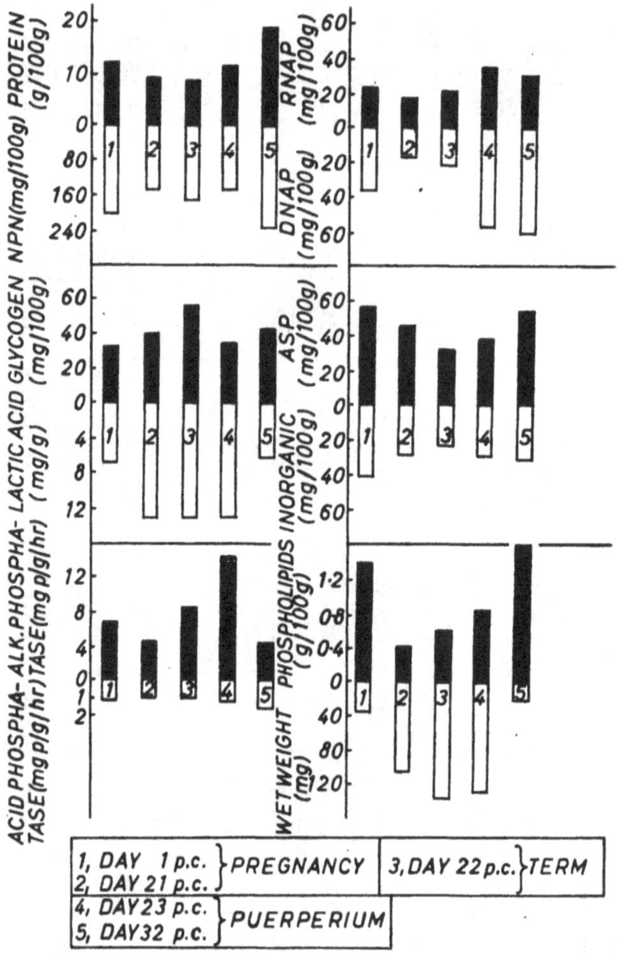

Fig. 1. Histograms showing biochemical changes in the rat cervix during pregnancy and post-partum periods

The protein concentration of the cervix did not record any significant change till term but increased during the post-partum period. The maximal value was recorded on day 10 post-partum (Table 1). The non-protein nitrogen level showed more or less a similar pattern.

The RNA concentration also remained virtually unchanged till term but increased significantly at day 1 post-partum (vs. day 22, $P < 0.01$). This level was maintained till day 10 post-partum. In contrast, DNA concentration diminished significantly immediately before and during term (days 21 and 22 post-coitum) and then followed a pattern similar to that of RNA.

The glycogen concentration showed a sharp rise at term to fall appreciably thereafter and maintain a *status quo*. Lactic acid level recorded the peak

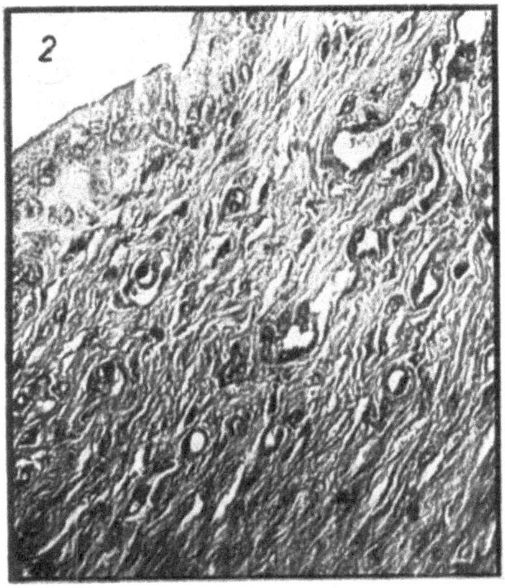

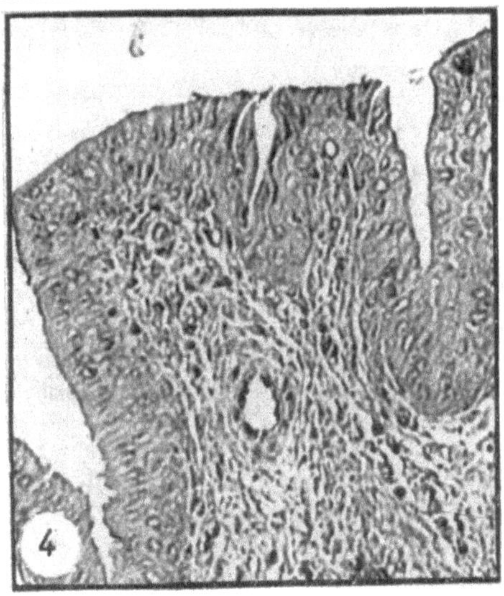

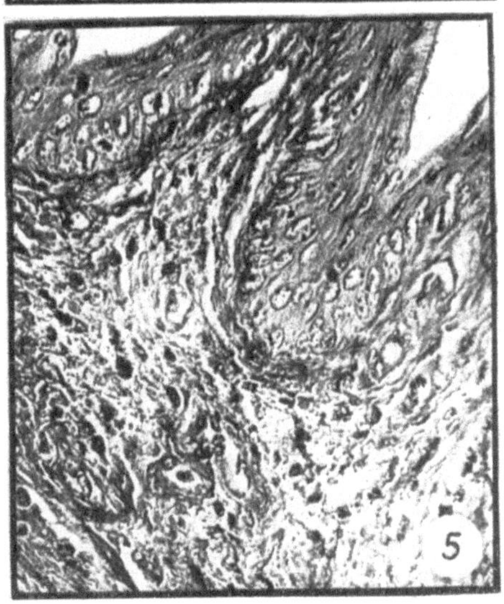

Fig. 2. The cervix of a rat on day 1 of pregnancy. The epithelium is inconspicuous and the stroma dense. × 350

Fig. 3. The cervix of a rat on day 21 of pregnancy. Note pseudostratified epithelium and disorganized stroma. × 350

Fig. 4. The cervix of a rat on day 1 post-partum. Note stratified epithelium. The stroma is more organized. Compare with Fig. 2. × 350

Fig. 5. A portion of the cervix of a rat on day 1 post-partum. Note disorganized condition of the stroma but the epithelium is stratified. Compare with Fig. 3. × 350 value on day 21 and such high concentration persisted till day 1 post-partum; the level reverted to normal (day 1 of pregnancy) on day 10 post-partum (Table 1). Both acid soluble and inorganic phosphorus concentration declined minimally at term with a subsequent rise to attain normal values at day 10 post-partum.

The acid and alkaline phosphatase activity showed a drop at day 6 of pregnancy (alkaline phosphatase: day 1 vs. day 6, $P < 0.01$, Table 1). This situation continued till day 21, but thereafter alkaline phosphatase registered increasingly higher activity with the maximum at day 1 post-partum. Subsequently, the values declined again to day 6/21 post-coitum level. Acid phosphatase activity remained generally unchanged though an increasing trend was observed till day 10 post-partum.

The phospholipid concentration showed a progressive decline with the lowest value at day 21 post-coitum. The level subsequently returned to its initial figure at day 10 post-partum.

Table 2

Effect of pregnancy on biochemical composition of the rat uterus

Parameters	Days post coitum		
	1	6	32
Wet weight (mg)	189.51 (19)[1] (173.7–205.3)	207.0 (24) (183.9–230.1)	123.5 (41) (118.2–128.8)
Total solids (g/100 g)	28.10[2] (25.93–30.46)	24.08 (22.03–26.31)	27.24 (25.14–29.52)
Protein (g/100 g)	13.86 (11.36–16.66)	11.91 (9.84–14.42)	9.82 (8.11–11.90)
Non-protein nitrogen (mg/100 g)	186.6 (173.6–200.6)	179.0 (166.4–192.4)	218.8 (203.4–235.3)
RNA-P (mg/100 g)	41.07 (34.61–48.72)	35.06 (29.56–41.59)	45.69 (38.51–54.20)
DNA-P (mg/100 g)	41.59 (37.31–46.37)	30.53 (27.37–34.04)	67.35 (60.39–75.09)
Glycogen (mg/100 g)	44.49 (37.47–52.83)	39.19 (33.01–46.54)	38.26 (32.22–45.43)
Lactic acid (mg/g)	7.72 (6.83–8.72)	6.29 (5.57–7.10)	6.82 (6.04–7.71)
Acid sol. phosphorus (mg/100 g)	79.07 (70.81–88.29)	45.94 (41.10–51.30)	60.46 (54.15–67.51)
Inorganic phosphorus (mg/100 g)	33.27 (28.43–38.92)	33.59 (28.72–39.31)	43.10 (36.86–50.47)
Acid phosphatase (mg P/g/hr.)	1.24 (0.95–1.63)	1.39 (1.0–1.95)	0.38 (0.29–0.50)
Alkaline phosphatase (mg P/g/hr.)	3.23 (2.94–3.55)	3.29 (2.95–3.66)	7.32 (6.65–8.06)
Phospholipids (g/100 g)	1.05 (0.93–1.20)	0.64 (0.55–0.73)	1.0 (0.86–1.11)

[1] No. of tissue samples

[2] Mean of 6 estimations with 95% fiducial limits in parenthesis

Uterus: The uterine weight on days 1 and 6 of pregnancy was virtually alike but greater than that at day 10 post-partum ($P < 0.01$, Table 2). The total solids decreased at day 6 (vs. day, $P < 0.05$) but reverted to normal value at day 10 post-partum.
Histologically, the uterus presented typical metestrus picture [12] on days 1 and 6 post-coitum with endometrial glands in full secretory activity. The stromal cells were hypertrophied and showed decidual changes at day 6. The histological features of the post-partum uterus observed in the present study were in full accord with those reported previously [see 15].
The protein concentration of the uterus remained virtually unchanged but non-protein nitrogen recorded a rise at day 10 post-partum (vs. days 1 and 6 post-coitum; $P < 0.01$, Table 2). No alteration was noticed in RNA level but DNA showed a decrease at day 6 post-coitum followed by a marked increase at day 10 post-partum (vs. day 1 post-coitum, $P < 0.01$).
Glycogen and lactic acid concentration was virtually unchanged. The acid soluble phosphorus level was reduced on day 6 of pregnancy, increased relatively at day 10 post-partum (vs. day 6, $P < 0.01$), but continued to be lower than that at day 1 of pregnancy ($P < 0.01$, Table 2). The inorganic phosphorus concentration showed a rise only at day 10 post-partum (vs. days 1 and 6 post-coitum, $P < 0.05$).
The phosphatase activity did not change till day 10 post-partum. Acid phosphatase activity declined significantly at this stage (vs. days 1 and 6, $P < 0.01$, Table 2) but alkaline phosphatase recorded a rise (vs. days 1 and 6, $P < 0.01$). The phospholipid concentration was lowered at day 6 of pregnancy (vs. day 1 post-coitum or day 10 post-partum, $P < 0.01$).

Discussion

The results of the present study indicate that the rat cervix shows considerable increase in weight during pregnancy. Similar observations have been reported previously [1, 4]. However, it has been possible to demonstrate that at a period (day 6 of pregnancy) preceding such growth spurt, the size of the organ is appreciably reduced.
The histological findings appear to provide a basis for the ponderal changes. It may be recalled that the features of the cervix at days 1 and 6 of pregnancy resemble those at metestrus and diestrus respectively. That the organ is heavier at metestrus is also on record [12]. The histoarchitecture is, however, more complex near term probably due to an interplay of the sex hormones and relaxin, and the strain imposed by the delivering foetuses. It is interesting that the cervical epithelium shows considerable stratification and foldings at days 21 and 22 post-coitum; the stroma become loose and edematous too. These reflect overt estrogen influence [12, 13]. According to Csapo [16, 17] withdrawal of a 'progesterone block' and establishment of estrogen dominance on the uterus initiates the parturition process. It appears that such altered hormonal milieu leaves its histophysiologic im-

pressions upon the cervix as well. This may be particularly true of estrogen to which the organ is apparently more sensitive [12, 13].

The biochemical constituents of the cervix do not show any noteworthy alterations during early stages of pregnancy (days 1 to 6) except for a reduction in alkaline phosphatase activity on day 6. Such static behaviour of the biochemical indices is intriguing. However, it is possible that during these early stages of pregnancy the biochemical pattern reverts more or less to the diestrus condition rather promptly due to the waning estrogen titre.

The picture around parturition time is entirely different. The concentration of glycogen, lactic acid, acid soluble and inorganic phosphorus and alkaline phosphatase are markedly elevated, suggesting a resurgence of metabolic activity in the organ in preparation for parturition following a relatively dormant period. It is pertinent to note that histochemical studies have recorded the presence of more glycogen in the human cervix at term than during non-pregnant states [18].

Parallel information on the uterus merits a brief consideration. Thus the glycogen level is substantially increased around parturition time in mice [19, 20], rat [21, and others] and women [22]. Lactic acid concentration is also elevated during this period [23]. It has been suggested that this constituent is actually transferred from the uterus to maternal circulation thereby contributing to its enhanced blood titre so commonly observed in parturient women [24].

A great deal of knowledge is available on histology, histochemistry and biochemistry of the post-partum uterus [see 15]. In contrast, little attention has been paid to the involuting cervix. Studies have been confined almost exclusively to changes in histology and distribution of collagen [1, 3—5, 25]. The present investigations have been able to record that protein, nucleic acid and phospholipid concentration of the cervix are elevated as early as day 1 post-partum. The protein and phospholipid show a further rise on day 10 post-partum. In contrast, glycogen level drops within 24 hours of parturition and no change is noticed on day 10. The lactic acid concentration, however, maintains a status quo till day 1 post-partum but declines on day 10. It is possible that marked glycolytic activity initiated in the cervix on day 21 of pregnancy continues uninterrupted in order to replenish the high energy phosphorus stores depleted at term. This is borne out partly by the finding that the acid soluble phosphorus level rises substantially to attain the day 1 pregnancy values.

It has been shown that hydrolytic enzymes like acid phosphatase play a critical role in post-partum reorganization of the uterus [15]; the redundant tissues are effeced by autolytic processes engineered through the activity of these enzymes. It is interesting that during the periods investigated the acid phosphatase activity of the cervix does not show any significant alterations. Perhaps studies at points between days 1 and 10 post-partum may reveal increase in activity of the enzyme like that in the uterus [15].

The present studies on uterus have been limited and carried out at a few selected intervals (day 1, 6 and 32 post-coitum). Accordingly, it is not possible to hazard any definite conclusions. Newertheless, it is interesting to note that unlike that of the cervix the DNA, acid soluble phosphorus and phospholipid concentrations of the uterus record a fall on day 6, and alkaline phosphatase activity remains virtually unchanged. These differences emphasize once again the distinct identity of the cervix and the uterus [12, 13].

Acknowledgements

This investigation was supported by grants from the Ford Foundation and the Ministry of Health and Family Planning, Govt. of India. The authors are grateful to Dr. M. L. DHAR for his interest in this study. One of them (I.C.D.) is a Senior Research Fellow of the Council of Scientific and Industrial Research. The statistical analysis of the data was carried out by Mr. P. A. GEORGE to whom grateful acknowledgement is made. Thanks are due to Messrs. G. D. TEWARI and K. NARAIN for technical assistance, and Mr. S. K. NATH for the photomicrographs.

Literature

[1] LEPPI, T. J.: Anat. Rec. **150**, 51 (1964).
[2] HAMILTON, C. E.: Anat. Rec. **97**, 47 (1947).
[3] HARKNESS, M. L. R. u. R. D. HARKNESS: J. Physiol., Lond. **123**, 432 (1954).
[4] HARKNESS, M. L. R. u. R. D. HARKNESS: J. Physiol., Lond. **148**, 524 (1959).
[5] ZARROW, M. X. u. J. YOCHIM: Endocrinology **69**, 292 (1961).
[6] VALERANI, L. u. A. CARETTA: Zootec. Vet. **2**, 163 (1947).
[7] HAMILTON, C. E.: Contr. Embryol. **33**, 81 (1949).
[8] HISAW, F. L. u. F. L. HISAW, Jr. in: Sex and Internal Secretions. W. C. YOUNG (Hrsg.) 3. Aufl. 1. Williams and Wilkins Co., Baltimore 1961.
[9] STIEVE, H.: Verh. anat. Ges., Jena **36**, 51 (1927).
[10] DANFORTH, D. N., J. C. BUCKINGHAM u. J. W. RODDICK Jr.: Am. J. Obstet. Gynec. **80**, 939 (1960).
[11] CHAPMAN, G. B., E. C. MANN, R. WOGRYN u. E. HULL: Am. J. Obstet. Gynec. **88**, 3 (1964).
[12] DATTA, I. C., J. N. KARKUN u. A. B. KAR: Acta biol. med. germ. **20**, 147 (1968).
[13] DATTA, I. C., J. N. KARKUN u. A. B. KAR: Acta biol. med. germ. **20**, 155 (1968).
[14] LEATEM, J. H. in: Recent Progress in the Endocrinology of Reproduction. C. W. LOYD (Hrsg.) Academic Press Inc., New York 1959.
[15] KAR, A. B. and V. P. KAMBOJ: Indian J. exp. Biol. **4**, 241 (1966).
[16] CSAPO, A.: Recent Prog. Horm. Res. **12**, 405 (1956).
[17] CSAPO, A.: Proc. Second Int. Congr. Endocrinol. **2**, 748 (1964). Excerpta Medica Foundation, Amsterdam.
[18] VOUTSA, N., G. C. BEVERIDGE u. A. C. FORAKER: Obstet. Gynec. N. Y. **22**, 708 (1963).
[19] KROC, R. L., B. G. STEINETZ u. V. L. BEACH: Ann. N. Y. Acad. Sci. **75**, 942 (1959).
[20] HALL, K.: J. Endocr. **34**, 457 (1966).
[21] BO, W. J. u. M. S. SMITH: J. Reprod.Fert. **12**, 237 (1966).
[22] BRODY, S.: Acta endocr., Copenh. **27**, 377 (1958).

[23] Marx, G. u. N. M. Greene: Am. J. Obstet. Gynec. **90**, 786 (1964).
[24] Otey, E., V. Stenger, D. Eitzman, T. Anderson, I. Bersner u. H. Prystowsky: Am. J. Obstet. Gynec. **90**, 747 (1964).
[25] Buckingham, J. C., R. Selden u. D. N. Danforth: Ann. N. Y. Acad. Sci. **97**, 733 (1962).

Zusammenfassung

I. C. Datta, J. N. Karkun u. Amiya B. Kar: Untersuchungen zur Physiologie und Biochemie der Cervix: Veränderungen in der Rattencervix während der Schwangerschaft und nach der Geburt

Es wurden Gewichtsbestimmungen sowie histologische und biochemische Untersuchungen an der Rattencervix während der Schwangerschaft, bei der Geburt sowie post partum durchgeführt. Parallel wurden einige Untersuchungen am Uterus vorgenommen. Nach einer relativen Stoffwechselruhe in den Frühstadien der Schwangerschaft zeigt die Cervix eine beträchtliche Aktivität gegen Ende derselben, vermutlich als Vorbereitung für die Geburt. Bemerkenswerte Veränderungen treten auch während der Reorganisationsperiode nach der Geburt auf. Ein Vergleich mit Veränderungen, die zur gleichen Zeit im Uterus stattfinden, beweist eine eindeutige Identität der beiden Organe.

Резюме

И. К. Датта, Й. Н. Каркун и А. Б. Кар: Исследавания о физиологии и биохимии шеи: изменения шеи крысы во время беременности и после родов

Проводились определение веса, а также гистологические и биохимические исследования на шее крысы во время беременности, во время и после родов. Одновременно проводились исследования на матке. После относительного мокоя обмена веществ в ранних стадиях беременности шея показывает значительную активность к ее концу, видимо как подготовка к родам. Значительные изменения наблюдаются и в периоде реорганизации после родов. Сравнение с изменениями, происходящими одновременно в матке, свидетельствует об идентичности обоих органов.

Acta biol. med. germ., Band 20, Seite 173—183 (1968)

Aus dem Institut für experimentelle Medizin
der Akademie der Medizinischen Wissenschaften der UdSSR in Leningrad
(Direktor: Prof. Dr. D. A. Birjukow)
und dem Institut für kortiko-viszerale Pathologie und Therapie
der Deutschen Akademie der Wissenschaften zu Berlin, Berlin-Buch
(Direktor: Prof. Dr. R. Baumann)

Der Einfluß des Hypertensins auf die elektrische Aktivität verschiedener Hirnstrukturen bei Kaninchen

V. I. Klimowa-Tscherkassowa, St. Nitschkoff und G. Bielecke

(Eingegangen am 21. 8. 1967)

Zusammenfassung

An normalen und experimentell-neurogen hypertonen Kaninchen wurde die Wirkung des Hypertensins auf einige Hirnstrukturen untersucht. Registriert wurde die elektrobiologische Aktivität des sensomotorischen Kortex, der Formatio reticularis mesencephali, des Hypothalamus und der Medulla oblongata. Wir konnten feststellen, daß die Frequenz- und Amplitudenveränderungen nach Hypertensinapplikation in drei Zeitphasen verlaufen. Die erste Phase ist charakterisiert durch das Verschwinden der mittleren Frequenzen und das Erscheinen höherer Frequenzen niederer Amplitude. In der zweiten Phase dominiert eine Zunahme der Amplituden in allen EEG-Frequenzbereichen, und in der dritten Phase (nach ca. 50 min) weisen Kortex und tiefere Hirnstrukturen diametrales Verhalten auf. Nach Erzeugung einer experimentellen neurogenen Hypertonie und Hypertensinapplikation stellten wir die gleichen Veränderungen fest. Die Abweichungen der bioelektrischen Aktivitäten sind, bezogen auf die EEG-Ausgangscharakteristiken der untersuchten Hirnstrukturen, unabhängig von der Höhe des Blutdruckes.

Einführung

Die adrenalinähnliche Wirkung des Hypertensins, eines synthetischen Oktapeptids, wurde bisher bei Menschen und Tieren hauptsächlich anhand der Veränderungen der Funktionen des kardiovaskulären Systems gezeigt [1 bis 4]. Seine Eigenschaften in Bezug auf das ZNS sind noch relativ wenig untersucht [5—9]. Die Ähnlichkeit mit dem Adrenalin und die Vermehrung des endogenen Hypertensins bei der Entwicklung eines Hypertoniesyndroms dienen als Grundlage für solche Untersuchungen. Anhand eigener Experimente [10] konnten wir feststellen, daß die Blutdruckantwortbereitschaft neurogen und nephrogen-hypertoner Tiere gegenüber exogenem Hypertensin stark erhöht ist.

Die klinischen Erfahrungen zeigen, daß Hypertensin 10mal so wirksam ist wie Noradrenalin. So finden wir z. B. ein Ansteigen des systolischen und

diastolischen Blutdruckes, des Venendruckes, des enddiastolischen Druckes im linken Ventrikel und rechten Vorhof und des peripheren Widerstandes sowie eine Verringerung des Pulmonalisdruckes, der Herzfrequenz, des Schlagvolumens, der Nierendurchblutung, der glomerulären Filtrationsrate und des Urinvolumens [1].
Wir stellten uns die Aufgabe, die Bedeutung des Hypertensins bei normotonen und hypertonen Kaninchen zu untersuchen, insbesondere seine Wirkung auf den elektrobiologischen Funktionszustand bestimmter Hirnstrukturen.

Methodik

Bei 28 Kaninchen wurde in chronischen Versuchen die Dynamik der Veränderungen der summaren bioelektrischen Aktivität tiefer Hirnstrukturen unter Hypertensineinfluß untersucht. Das Elektrogramm (EG) von verschiedenen Hirnstrukturen wurde bipolar mit Nadelstahlelektroden von 0,3 mm Durchmesser bei einem Elektrodenabstand von 1--2 mm registriert. Das EG der Rindengebiete wurde mit Silberelektroden, die epidural angebracht waren, abgeleitet. Die indifferente Elektrode befand sich im Os frontale. Es wurde die Grund-EG-Aktivität einiger Gebiete des Hypothalamus (ventromedialer Kern, dorsaler Kern, dorsolateraler Kern), der Formatio reticularis mesencephali und der Medulla oblongata im rostralen Teil am Boden des 4. Ventrikels in der Nähe zur Grenze der Pons 1—1,5 mm lateral von der Mittellinie in verschiedenen Tiefen aufgezeichnet. Die Lage der Elektroden wurde histomorphologisch verifiziert. Die Elektroden wurden nach den stereotaktischen Koordinaten, die in den Atlanten von MONNIER und GANGLOFF [11] sowie SAWYER et al. [12] angegeben sind, implantiert. Bei der Mehrzahl der Kaninchen wurde synchron das EG in zwei bis drei verschiedenen Hirngebieten ein- und derselben oder verschiedener Strukturen registriert. Die Registrierung erfolgte mit einem 8-Kanal-Enzephalographen (SCHWARZER) bzw. mit einem Tintenschreibergerät, das in den Institutswerkstätten Leningrad entwickelt und gebaut wurde. Wir werteten die Amplituden der EG-Wellen in Mikrovolt, die verschiedenen Frequenzen des Grundrhythmus und ihre Veränderungen in bestimmten Zeitintervallen aus. Das Hypertensin wurde i.v. in einer Dosis von 5 µg/kg in einer Lösung von 25 µg/ml gegeben, das entspricht einer Dosis, die einen pressorischen Effekt von 50—75% vom Ausgangsniveau bewirkt.
Für die Klärung einiger pathophysiologischer Mechanismen wurde die Hypertensinwirkung bei 10 Kaninchen nach doppelseitiger Ausschaltung der reflexogenenRezeptorzonen des Sinus caroticus und des Aortenbogens (nach KOCH et al. [13]) untersucht. Bei den graphischen Darstellungen handelt es sich neben den Einzelbeispielen um die Mittelwerte der Ergebnisse.

Ergebnisse und Diskussion

Die Wirkung des in die Blutbahn bei Kaninchen applizierten Hypertensins zeichnet sich durch deutliche Veränderungen der bioelektrischen Aktivität in verschiedenen Hirnstrukturen aus. In allen Ableitungen war ein Effekt auf Hypertensin festzustellen. Ausdruck dieser Reaktionen ist die Veränderung der Amplituden- und Frequenzcharakteristiken der EG-Wellen in den Frequenzbereichen von 1—3/sec (Delta), 4—7/sec (Theta) und über 8/sec (Alpha). Der Charakter der Veränderungen, ihre quantitative Abweichung und ihre Dynamik verlaufen in den verschiedenen Strukturen unterschiedlich. Die Veränderungen der elektrischen Aktivität treten 15 bis

30 sec nach der Hypertensininjektion ein. In der Periode, in der die Pulsfrequenz abnimmt, treten Verschiebungen der Frequenzbilder in verschiedenen Hirnformationen, die teilweise gleich sind, teilweise diametral verlaufen, auf.

Aus Abb. 1 ist festzustellen, daß vor der Hypertensininjektion (A, I) die Grundaktivitäten der Formatio reticularis mesencephali bei einer durchschnittlichen Frequenz von 7/sec und einer Amplitude von 35 μV, des Thalamus bei 6/sec und 50 μV und des sensomotorischen Kortex bei 5/sec und 95 μV liegen. 45 sec nach i. v. Applikation von 5 μg Hypertensin/kg (A, II) ergeben sich folgende Veränderungen:

In der Formatio reticularis mesencephali eine fast unveränderte Frequenz von 6/sec und eine signifikant erhöhte Amplitude auf 85 μV, im Hypothalamus bei gleichbleibender Frequenz eine geringe Amplitudenerhöhung auf 60 μV und im sensomotorischen Kortex bei ebenfalls gleichbleibender Frequenz eine signifikante Verminderung der Amplituden auf 45 μV. Im Kortex tritt aber dabei periodenweise gleichzeitig eine Amplitudenerhöhung niedervoltiger Schwingungen aus dem Spektrum der Betawellen auf, die in allen subkortikalen Ableitungen nicht beobachtet wird. Diese Veränderungen im EG dauern nicht länger als 2 min (1. Phase).

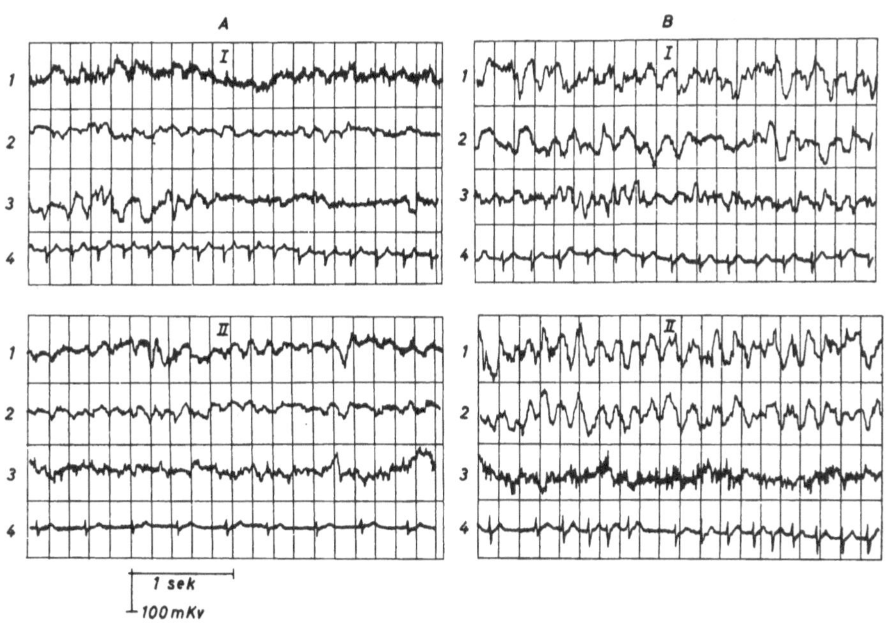

Abb. 1. Veränderungen in Elektrokortiko- und -subkortikogrammen bei Kaninchen nach Hypertensininjektion (5 μg/kg). A) bei Normaltieren; B) bei neurogener Hypertonie.
I. EG vor Hypertensingabe; II. EG 45 sec nach Hypertensininjektion.
1. Formatio reticularis mesencephali; 2. Hypothalamus, rechts;
3. sensomotorischer Kortex; 4. EKG II

Die synchrone EKG-II-Registrierung zeigt im Vergleich zum Ausgang nach Applikation von Hypertensin eine Sinusarhythmie, die in eine Bradykardie mit Reizleitungs- und Reizbildungsstörungen wie bei partiellem AV-Block 2:1 und 3:1 mit ventrikulären Extrasystolen in Bigeminusform (Abb. 3, II) übergeht.

Nach $2^1/_2$ bis 3 min sehen wir im EG des Kortex in der Regel ein Ansteigen der Amplituden der schnellen Schwingungen bei Unterdrückung der langsamen Wellen (sehr selten wird auch die Amplitude der Deltawellen vergrößert). Dagegen beobachten wir im subkortikalen EG ein bedeutendes Ansteigen der Amplituden der Wellen des gesamten Spektrums. Nur in ganz vereinzelten Fällen werden im Subkortikogramm während dieser Periode kurze Strecken einer Amplitudensenkung mit Frequenzzunahme gesehen. Die genannten Veränderungen erreichen ihr Maximum durchschnittlich nach 4—5 min (2—8 min bei den einzelnen Tieren). Sie sind typisch und gekoppelt mit einem Erregungszustand der Tiere und Hyperventilation (Abb. 2, 3, 4). Die Pulsfrequenz ist während dieser Zeit bereits zur Norm zurückgekehrt. Wir bezeichnen dieses Phänomen als die zweite Phase der Hypertensinwirkung auf das ZNS. Das EKG II zeigt zwar noch eine etwas niedrigere Frequenz als die Ausgangslage, Arhythmie und Extrasystolie haben sich jedoch zurückgebildet und treten auch bei längerer Beobachtung (bis zu 2 Std.) nicht mehr auf. Nach der 10. min sind diese Veränderungen in der Regel verschwunden, und — obwohl sich Herzfrequenz und Atmung bei verschiedenen Kaninchen nicht gleichmäßig normalisieren

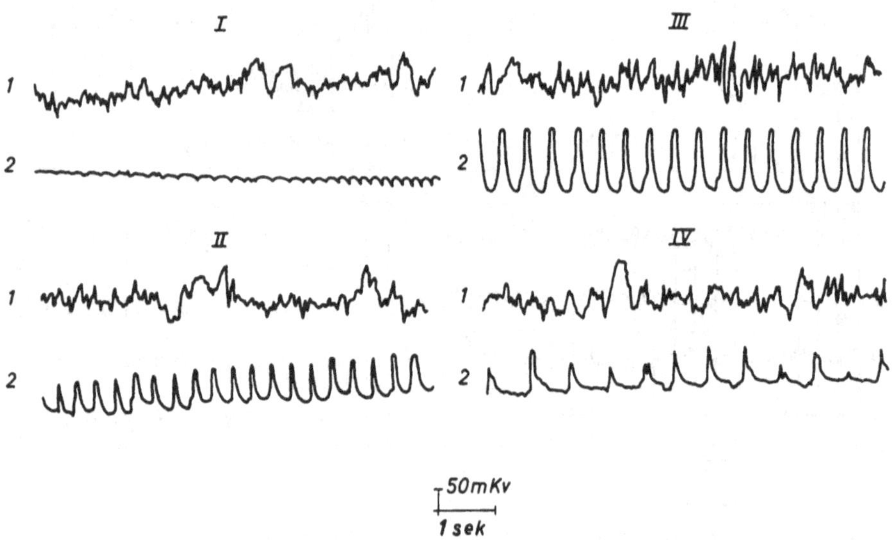

Abb. 2. Veränderungen im Subkortikogramm und der Atmung nach verschiedenen Intervallen der Hypertensininjektion (5 µg/kg). I. Ausgangscharakteristik; II. 30 sec nach Hypertensininjektion; III. 3 min nach Hypertensininjektion; IV. 50 min nach Hypertensininjektion.
1. EG in der Medulla oblongata (Boden des 4. Ventrikels); 2. Pneumogramm

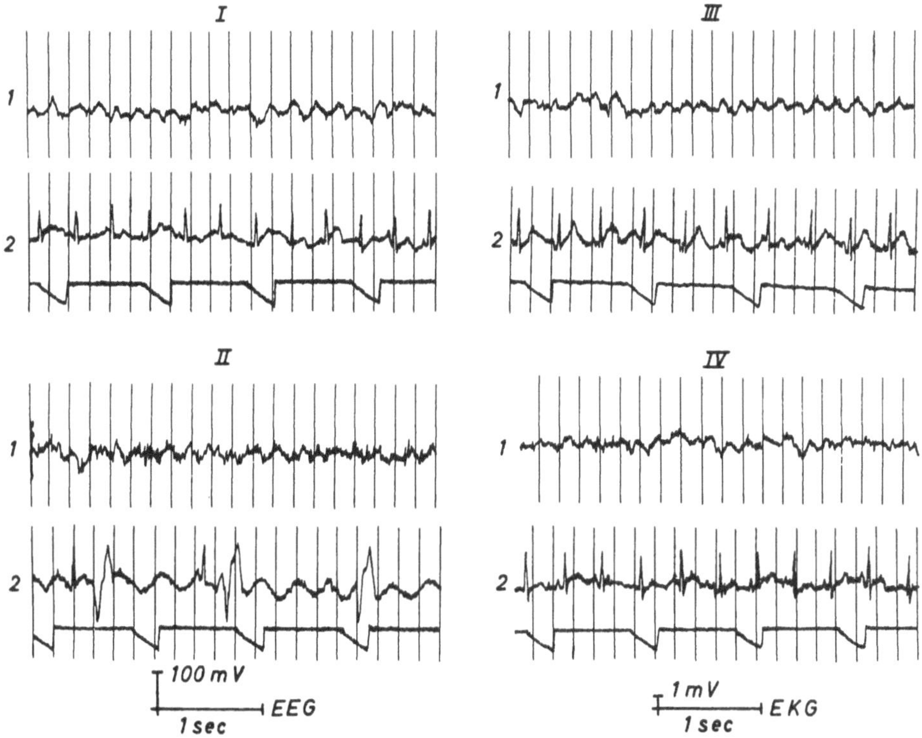

Abb. 3. Veränderungen im Subkortikogramm und im EKG II nach verschiedenen Intervallen der Hypertensininjektion (5 μg/kg). I. Ausgangscharakteristik; II. 30 sec nach Injektion; III. 3 min nach Injektion; IV. 12 min nach Injektion. 1. EG im Hypothalamus; 2. EKG II

— werden die Tiere ruhiger und im EG aller Ableitungen dominiert ein mehr oder weniger regelmäßiges Wellenbild, das sich aber doch etwas von der Ausgangslage unterscheidet. Nach 10 bis 20 min erscheinen die Tiere gehemmt und bei einigen entwickelt sich ein schläfriger Zustand. Im Elektrokortikogramm treten regelmäßige, nicht hohe (30—50 μV) Grundrhythmen von 4—5/sec Dauer auf. In dieser Periode ist das EG der tieferen Hirnstrukturen in der Regel ähnlich der Ausgangscharakteristik. 30 bis 40 min nach Hypertensingabe (nur vereinzelt schon nach 20 min) wird in allen Ableitungen im EG die nächste Phase der Veränderungen festgestellt. Sie ist charakterisiert durch Lebhaftigkeit der Tiere (Erregungszustände), Salven von Pulsfrequenzerhöhungen, ansteigende Amplituden der Wellen 4—7/sec und mitunter auch der Wellen 1—3/sec aus den tieferen Hirnstrukturen. Danach erfolgt eine Verschiebung des Frequenzspektrums nach rechts, d. h. zu schnelleren Frequenzen der Grundaktivität. Dabei einbegriffen sind auch auf Grund des Erscheinens und der Beschleunigung die Betawellen, d. h. der für diese Strukturen typischen Aktivierung (Abb. 2, 3

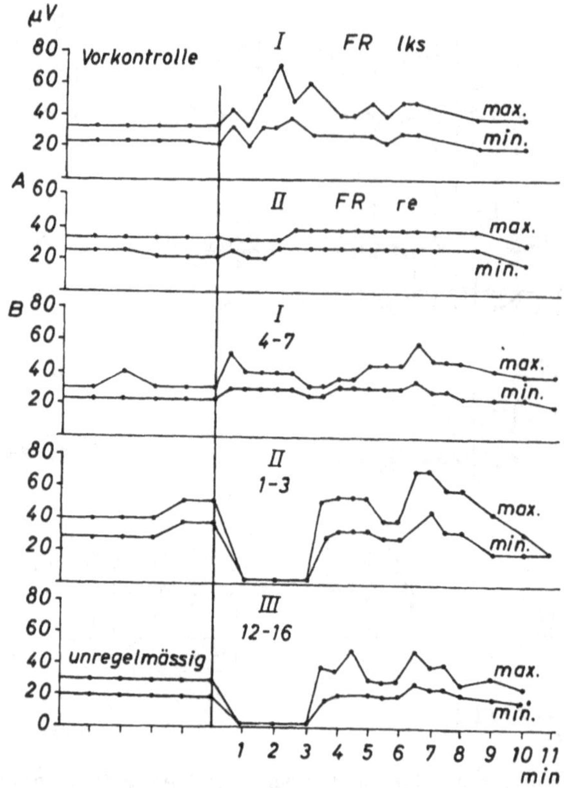

Abb. 4. Dynamik der Veränderungen im EG der Formatio reticularis mesencephali nach Hypertensininjektion (5 μg/kg), A) in zwei symmetrischen Gebieten des Tegmentum mesencephali eines Kaninchens; links (I), rechts (II) anhand von Thetawellen-Amplituden; B) eines Gebietes des Tegmentum mesencephali eines anderen Kaninchens. I. Amplitudencharakteristik der Thetawellen; II. Amplitudencharakteristik der Deltawellen; III. Amplitudencharakteristik der Betawellen.
Ordinate: Bereich zwischen minimaler und maximaler Amplitudenschwankung in μV; Abszisse: Zeit in min. Links der vertikalen Linie: Ausgangscharakteristik; rechts der vertikalen Linie: nach Hypertensininjektion

und 5). Im sensomotorischen Kortex verschwinden in dieser Zeit die langsamen 1—3/sec-Wellen und die Amplituden der 4—7/sec-Wellen steigen erst an und fallen dann ab (Abb. 5). Daraus folgt, daß die 3. oder späte Phase (nach ca. 50 min) der Hypertensineinwirkung sich durch eine Aktivierung des EG auch in diesem Gebiet auszeichnet. Es zeigt sich, daß die bioelektrische Charakteristik dieses Kortexgebietes und der tieferen Hirnstrukturen diametrale Veränderungen aufweisen.

Ihre Gleichgerichtetheit wird nur in der ersten Minute sensomotorisch beobachtet, wobei die Desynchronisation des EG des Kortex bei der Hälfte aller Tiere einen Abfall der Amplitude des gesamten Frequenzspektrums wie in den tieferen Hirnstrukturen zeigt. In der folgenden zeitlichen Phase

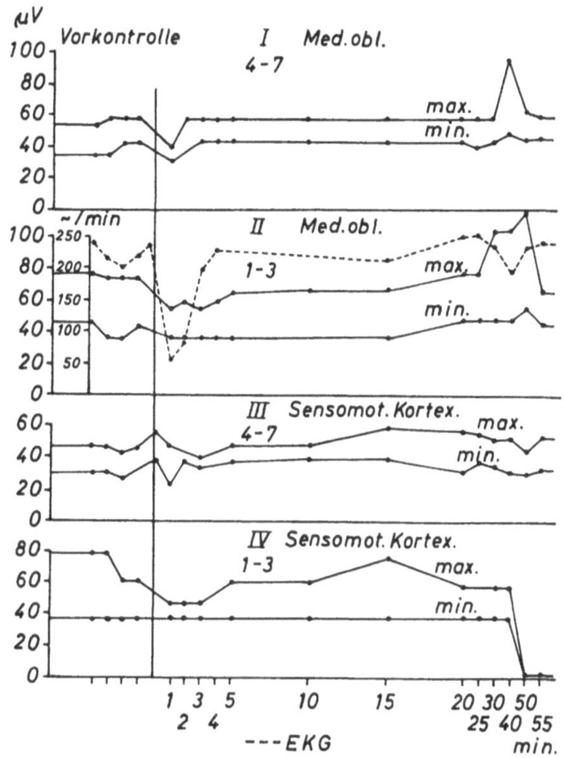

Abb. 5. Dynamik der Veränderungen der langsamen Rhythmen in den Elektrokortikogrammen und Elektrogrammen bei Kaninchen nach Hypertensininjektion (5 μg/kg). I. Amplitudencharakteristik der Thetawellen; II. Amplitudencharakteristik der Deltawellen im EEG der Medulla oblongata; III. Amplitudencharakteristik der Thetawellen; IV. Amplitudencharakteristik der Deltawellen im sensomotorischen Kortex. Bei II, 2. Skala (Ordinate): Herzfrequenz/min und deren Dynamik; Abszisse: Zeit in min. Vertikale Linie: Hypertensininjektion; links davon: Ausgangscharakteristik

fällt die Wirkung des Hypertensins mit dem Charakter der bioelektrischen Veränderungen in der Rinde und denen der tieferen Strukturen nicht zusammen. Auf ähnliche Unterschiede wies Markow [14] in Verbindung mit den Veränderungen des EG auf sensomotorischen Kortex und der Formatio reticularis mesencephali oder unspezifischen Thalamuskernen unter Einfluß von Adrenalin hin. Allerdings beziehen sich die in dieser Arbeit erwähnten Veränderungen nur auf die erste Phase der Adrenalinwirkung.

In den Versuchen mit Hypertensin konnte im Verlauf einer längeren Zeit (bis zu 60 min) festgestellt werden, wie parallel mit den verschiedenen Veränderungen im Elektrokortikogramm entgegengerichtete Veränderungen im EG tieferer Strukturen auftraten. Besonders anschaulich wird das beim Vergleich der synchron registrierten Elektrokortikogramme und Elektrogramme aus dem verlängerten Mark (Abb. 5). Das ist die dritte Phase des

Hypertensineffektes auf das ZNS. Die regelmäßige Senkung der Amplituden der 4—7/sec-Rhythmen aus der Rinde wird begleitet durch hypersynchrone isolierte 4—7/sec-Rhythmen im verlängerten Mark und umgekehrt. Bei einem Vergleich des Charakters der Veränderungen der bioelektrischen Aktivität des sensomotorischen Kortex und der subkortiko-medullären Strukturen unter Einfluß von Hypertensin kann man schlußfolgern, daß in der ersten Phase eine Unterdrückung der langsamen Rhythmen und ein Überwiegen der schnellen Frequenzen sowie eine Senkung der Amplitude vorliegt und in der zweiten Phase eine Zunahme der Amplituden aller Frequenzmuster dominiert. Das ist besonders eindeutig für die Strukturen der Formatio reticularis mesencephali und des Hypothalamus. Am aufschlußreichsten sind die Veränderungen des dominierenden Rhythmus von 4—7/sec in den tieferen Strukturen. Wir haben keine bedeutenden Abweichungen der Dynamik und des Charakters der Veränderungen der elektrischen Aktivität verschiedener Gebiete anderer Hirnstrukturen gesehen.

Bei synchroner Registrierung des Hypothalamus und der Formatio reticularis mesencephali oder des Hypothalamus und der Medulla oblongata tragen sie gleichgerichteten Charakter und unterscheiden sich nur quantitativ oder aber nach der Dauer der beschriebenen Abweichungen (Abb. 1). Bei paralleler Registrierung aus zwei symmetrischen Punkten der Formatio reticularis mesencephali kann man aber phasenartige Verschiebungen ein- und desselben Kriteriums sehen (Abb. 4A).

Es wurden auch keine unterscheidbaren Besonderheiten in den Reaktionen auf Hypertensin in verschiedenen Hypothalamuspunkten gefunden, ähnlich wie das in bezug auf den lateralen und ventromedialen Kern auch bei Einwirkung von Adrenalin verschiedener Dosen von Tabatschnikowa [15] festgestellt wurde. Die bioelektrische Aktivität bei Hypertensinapplikation zeigte individuelle Schwankungen, die jedoch nicht spezifisch für die untersuchten Hirnstrukturen sind.

Ein Verlgeich der Kortiko- und Subkortikogramme nach der Erzeugung einer exterorezeptiven neurogenen Hypertonie und nachfolgender Hypertensininjektion von 5 μg/kg ergab folgende Veränderungen (Abb. 1, B I und II): Der dominierende Frequenzrhythmus stieg signifikant von 3/sec auf 6/sec bei einer hochsignifikanten Amplitudenzunahme von 75 auf 135 μV an. Im Hypothalamus tritt bei gleichbleibender Frequenz von 5—6/sec eine signifikante Zunahme der Amplitude von 75 auf 105 Mikrovolt auf. Im sensomotorischen Kortex kommt es bei ebenfalls gleichbleibender Frequenz zu einer noch signifikanten Amplitudenzunahme von 50 auf 80 μV. Das EKG zeigt im Vergleich zur Ausgangslage supraventrikuläre Ersatzrhythmen mit vereinzelten kompensierten Extrasystolen und Arhythmien. Alle diese Ergebnisse zeugen von der Wirkung des Hypertensins nicht auf nur das periphere kardiovaskuläre System und die Atmung, sondern auch auf den Funktionszustand verschiedener Hirnstrukturen.

Im Hinblick auf die Frage, welche Mechanismen diesen Verschiebungen zugrunde liegen, kommen wir zu folgenden Schlußbetrachtungen: In erster

Linie wäre an reflektorische Mechanismen zu denken, was sehr deutlich bei der Analyse der beiden ersten Phasen der Veränderungen der bioelektrischen Aktivität zum Ausdruck kommt. Das Vorhandensein bestimmter Korrelationen zwischen Pulsfrequenz, Höhe des Blutdruckes, EKG, Atmung und der Dynamik der Veränderungen der elektrischen Aktivität sprechen für diese Annahme. Ein Beweis dafür ist die Tatsache, daß geringe und schnell vorübergehende Veränderungen der Herztätigkeit begleitet werden von geringfügigen und kurzzeitigen Veränderungen im EEG der verschiedensten Ableitungen. Allerdings ungeachtet der nicht bestreitbaren Rolle von reflektorischen Einflüssen seitens der sinucarotidalen und aretalen Rezeptorenzonen mit Veränderung des arteriellen Blutdruckes kann dieser Mechanismus nicht als der einzigste angenommen werden, der die funktionellen Veränderungen der untersuchten Hirnstrukturen bestimmt. Die oben beschriebenen Veränderungen bei Hypertensinapplikation auf die elektrische Aktivität sind auch bei Tieren mit doppelseitiger Denervierung der reflexogenen Gefäßzonen möglich.

Abb. 1, B zeigt die Empfindlichkeit dieser Tiere gegen Hypertensin. Es ist bekannt, daß die vaskulären reflexogenen Zonen eine nicht geringe Rolle bei der Formierung der elektrischen Aktivität verschiedener Hirngebiete spielen [16—19]. Allerdings darf man dabei auch nicht die Veränderungen der Hämodynamik des Gehirns außer acht lassen, die auch durch die Hypertensingabe sicher beeinflußt wird. Genaues ist diesbezüglich noch nicht bekannt. Außerdem könnte das Hypertensin mit seiner ausgeprägten adrenalinähnlichen Wirkung auch unmittelbar auf die zentralen Nervenelemente einwirken oder diese indirekt über eine Mobilisierung der Rindenschicht der Nebennieren beeinflussen. Wie bekannt, passiert das Hypertensin die Bluthirnschranke und entfaltet somit seine direkte zentrale Wirkung [5]. Damit erklärt sich der von uns festgestellte Einfluß des Hypertensins auf verschiedene Hirnstrukturen. Die Mechanismen tragen in der ersten Phase den Charakter „akuter" (infolge der Hypertensingabe sich entwickelnder) Verschiebungen der Grundaktivität des EEG und in der zweiten Phase einen verspätet auftretenden Effekt der Hypertensinwirkung. Die letzteren sind wahrscheinlich auf die Mobilisierung hormoneller Faktoren zurückzuführen, was aus der langen Latenzzeit hervorgeht. Allerdings bedarf dieser Schluß einer speziellen Analyse.

Wir können feststellen, daß das Hypertensin in pressorischen und subpressorischen Dosen [19] einen direkten Effekt auf das ZNS hat. Die Grundaktivität bioelektrischer Potentiale zeigt unterschiedliche Phänomene in kortikalen und subkortikalen Hirnstrukturen. Diese Veränderungen verlaufen in drei zeitlichen Phasen und sind unabhängig von der Blutdruckhöhe und nicht adrenalinähnlich.

An dieser Stelle sei Frl. Rosmarie Gürke und Frl. Hanna Klopsteg für die technische Assistenz und Teilauswertung des Materials gedankt.

Literatur

[1] Finnerty, F. A.: Circulation **25**, 255–258 (1962).
[2] Chimoskay, J. E., P. C. Blaquier, A. C. Taquini u. D. F. Bohr: Am. J. Physiol. **202**, 690 (1962).
[3] Mendlowitz, R. L., S. E. Wolf, Gitlow u. N. E. Naftch: Circulation **25**, 231–237 (1962).
[4] Riniker, B. u. R. Schwyzer: Helv. chim. Acta **44**, 677–684 (1961).
[5] Buckley, J. P. u. R. K. Bickerton: Fedn Proc. Am. Socs exp. Biol. **20**, 112 (1961); Ann. N. Y. Acad. Sci. **104**, 299 (1963).
[6] Taquini, A. C., P. C. Blaquier u. D. F. Bohr: J. Physiol., Lond. **201**, 1173 (1963).
[7] Benetato, Gr.: Int. J. Neuropharmac. **3**, 565 (1964).
[8] Bickerton, R. K. u. J. P. Buckley: Proc. Soc. exp. Biol. Med. **106**, 834 (1961).
[9] Laverty, R.: J. Pharm. Pharmac. **15**, 63 (1963).
[10] Nitschkoff, St., U. Gnüchtel, L. Wolnik u. P. Jonas: Zur Frage der Hypertensinwirkung am normo- und hypertonen Tier (in Vorbereitung).
[11] Monnier, M. u. H. Gangloff: Atlas for Stereotaxic Brain Research on the Conscious Rabbit. Elsevier, Amsterdam 1961.
[12] Sawyer, H., U. Everett u. J. Green: J. comp. Neurol. **101**, 801 (1954).
[13] Koch, E., H. Mies u. M. Nordmann: Z. Kreislaufforsch. **19**, 585 (1927).
[14] Markow, Ch. M.: Fiziol. Zh. SSSR, **49**, 1137 (1963).
[15] Tabatschnikowa, S. J.: Tezisy Dokladov na II. Vsesojuznoj Konferencii po Voprosam Fiziologii vegetativnoj Nervnoj Sistemy, Erevan 1966, 154.
[16] Bonvallett, M., P. Dell u. G. Hiebel: Electroenceph. clin. Neurophysiol. **6**, 119 (1954).
[17] Nakao, H., H. M. Ballin, E. Gellhorn: Electroenceph. clin. Neurophysiol. **8**, 413 (1956).
[18] Klimowa-Tscherkassowa, V. I. u. St. Nitschkoff: Acta biol. med. germ. **15**, 763 (1965).
[19] Hecht, K. u. St. Nitschkoff: 5. Symposium über Probleme nervaler Regulationen, Berlin-Buch 1966. (Zum Druck vorbereitet).

Summary

V. I. Klimowa-Tscherkassowa, St. Nitschkoff and G. Bielecke: The action of hypertinsin on the electrical activity of certain brain structures in rabbits

The action of hypertensin on certain brain structures of normal rabbits and rabbits with experimentally induced neurogenic hypertonia was investigated. The electrobiological activity of the sensomotoric cortex, the formatio reticularis mesencephali, the hypothalamus and the medulla oblongata were measured. The frequency and the fluctuations of amplitude following administration of hypertensin proceeded in three phases. The first phase is characterized by the disappearance of the mean frequencies and the appearance of higher frequencies with lower amplitude. In the second phase a general increase of amplitude in all frequency ranges of the EEG is noticed, while in the third phase (after about 50 minutes) the cortex and the more deep brain structures exhibit an opposite behaviour. The same changes occurred after induction of an experimental neurogenic hypertonia and administration of hypertensin. The deviations of the bioelectrical activities, when related to the starting characteristics of the EEG of the brain structures investigated, are independent of the level of blood pressure.

Резюме

В. И. Климова-Черкассова, Ст. Ничков и Г. Билеке: Влияние гипертензина на электрическую активность разных структур головного мозга у кроликов

Изучалось влияние гипертензина на некоторые структуры мозга нормальных кроликов и кроликов с экспериментальной нейрогенной гипертонией. Регистрировалась электробиологическая активность сензомоторной коры, formatio reticularis mesencephali, гипоталамуса и продолговатого мозга. Установлено, что частота и изменения амплитуды после дачи гипертензина протекают в трех фазах. Первая фаза характеризуется исчезновением средних частот и появлением высших частот с более низкой амплитудой. Во второй фазе отмечается увеличение амплитуд во всех областях частот ЭЭГ, а в третьей фазе (примерно через 50 минут) кора и глубже расположенные структуры мозга проявляют диаметральное поведение. Те же самые изменения наблюдаются после создания экспериментальной нейрогенной гипертонии и применения гипертензина. Отклонения биоэлектрических активностей, по сравнению с исходными характеристиками исследованных структур мозга, не зависят от уровня кровяного давления.

Acta biol. med. germ., Band 20, Seite 185—193 (1968)

Aus der Abteilung für Pathologische Anatomie und Histopathologie (Chefarzt: Dr. G. LUSZTIG) des Komitatkrankenhauses, Bács-Kiskun, Kecskemét, Ungarn

Untersuchung des Mukopolysaccharidgehaltes der Aorta in verschiedenen Phasen der experimentellen Cholesterinsklerose

L. JÓZSA, B. GÓG und G. LUSZTIG

(Eingegangen am 22. 3. 1967)[1]

Zusammenfassung

Es wurden die bei protrahierter Cholesterinfütterung auftretenden Veränderungen der Mukopolysaccharide der Aorta untersucht. Folgende Resultate wurden erzielt:

1. Der Chondroitinsulfat-A+C-Gehalt der Kaninchenaorta zeigt bei Beginn der Behandlung einen raschen, später einen langsameren Anstieg.
2. Der Hyaluronsäure-, Chondroitinsulfat-B- und Heparin-Heparitin-Gehalt zeigt bei Beginn der Cholesterinfütterung eine Zunahme. Nach 3 Monate dauernder Behandlung erfolgt eine langsame Abnahme.

3. Der Entstehung der lipoid-atheromatösen Gefäßveränderungen geht zeitlich die Verminderung des Heparin-Heparitin- und Chondroitinsulfat-B-Gehaltes der Gefäßwand voraus.

Einleitung

Während der experimentellen und menschlichen Atherosklerose verändert sich der Mukopolysaccharidhaushalt (MPS) des Organismus. Im Blut ist in erster Linie der neutrale, in den Gefäßen sowohl der neutrale als auch der saure MPS-Gehalt erhöht.

Nach Angaben verschiedener Autoren [12—14, 18, 22, 25, 26, 32, 43, 47, 48] ist der Mukopolysaccharidgehalt der Gefäßwand schon in den Frühstadien der Gefäßveränderungen erhöht und bis zuletzt bei einem hohen Spiegel konstant. Demgegenüber fanden BÖTTCHER und KLYNSTRA [8, 9], daß zwischen dem Grad der Gefäßveränderung und dem MPS-Gehalt der Gefäßwand ein Zusammenhang insofern besteht, als der gesamte MPS-Gehalt der Gefäße nur anfänglich zunimmt und sich dann vermindert. BERENSON [2], KIRK und DYRBYE [21, 41], LIANG und KIRK [42] und LOEPER et al. [44] fanden in den Gefäßen bei Atherosklerose einen verminderten MPS-Gehalt. Zum Verständnis dieser einander stark widersprechenden Ergebnisse kommen mehrere Erklärungen in Frage. Vor allem dürfte die Verschiedenheit der Methoden und Tierarten eine Rolle spielen. Die erste Möglichkeit, d. h. die Verschiedenheit der Methoden, kann weitgehend vernachlässigt werden, da Angaben bekannt sind, nach denen ver-

[1] Nach Revision am 11. 9. 1967

schiedene Autoren bei gleichen Tieren und mit gleicher Methodik unterschiedliche Ergebnisse erhielten. BUDDECKE [12, 14] konnte nachweisen, daß im gleichen Gefäß (Aorta) der MPS-Gehalt in den einzelnen Abschnitten verschieden ist.
Trotz zahlreicher Fehlerquellen müssen wir annehmen, daß die Unterschiede in den Literaturangaben nicht methodischer Art, sondern im wesentlichen durch Unterschiede in dem Pathomechanismus der Erkrankung bedingt sind. Unsere früheren histochemischen Untersuchungen haben gezeigt, daß mit der Entwicklung der Atherosklerose nicht nur die Gefäßwandstruktur, das Fasersystem, veränder wird, sondern auch die Menge und Verteilung der Mukopolysaccharide in der Gefäßwand eine Änderung erfährt. Während unserer neueren Versuche mit experimenteller Cholesterinsklerose konnten wir im Kaninchenblut eine antikoagulativ wirkende und clearingartige Aktivität besitzende Substanz nachweisen. Diese veränderte nicht nur die Blutgerinnungsverhältnisse, sondern verminderte auch den Lipid- und Cholesteringehalt des Blutes, und ihre Wirkung konnte durch Toluidinblau aufgehoben werden [46].

Nach unseren Erfahrungen ist der sogenannte anticholesterinämische Faktor (ACF) wahrscheinlich ein Mukopolysaccharid-artiger Stoff. Deshalb hielten wir es für notwendig, die Dynamik des Mukopolysaccharidhaushaltes bei experimenteller Cholesterinsklerose zu untersuchen. In den nachfolgend beschriebenen Experimenten untersuchten wir den Gehalt an sauren Mukopolysacchariden der Aorta sowie der wichtigsten MPS-enthaltenden, MPS-produzierenden und der RES-Organe während einer experimentellen Sklerose.

Material und Methodik

Für die Experimente verwendeten wir 107 Hybridkaninchen aus eigener Zucht mit einem Durchschnittsgewicht von 2 bis 2,5 kg, die jünger als 1 Jahr waren. Die Tiere erhielten Grün- und Trockenfutter sowie Wasser ad libitum.

10 Tiere wurden ohne Behandlung als Kontrolle untersucht. Die übrigen Kaninchen erhielten täglich 1 g Cholesterin per Magensonde in 10 ml wäßriger Suspension. Die Organe wurden histochemisch und biochemisch untersucht.

Außer der Kontrollgruppe wurden in 5 Gruppen insgesamt 67 Tiere untersucht, welche 1 bis 5 Monate lang Cholesterin erhielten (siehe Tab. 1). Dem MPS-Gehalt der Aorta haben wir biochemisch bei allen 77 Tieren bestimmt, während eine histochemische Aufarbeitung nur bei 30 Tieren erfolgte.

Die Tiere wurden durch Entblutung getötet und sofort seziert. Die von der Adventitia befreite Aorta wurde 2 mal je 8 Std. lang in abs. Azeton entwässert und entfettet, dann im Exsikkator über $CaCl_2$ bis zur Gewichtskonstanz getrocknet. (Falls die Aufarbeitung nicht sofort erfolgte, wurden die Aorten in „azetontrockenem" Zustand aufbewahrt.)
Bei der Sektion wurden aus dem aufsteigenden Aortenabschnitt und aus dem abdominalen Abschnitt je 0,5 cm lange Stücke für die histochemische Untersuchung entnommen. Die atherosklerotischen Veränderungen wurden nach dem Schema von BÖTTCHER et al. [7] bewertet. Der Grad der Gefäßveränderungen wurde wie folgt eingeteilt:

Stadium 0: ohne makroskopische Veränderung (Kontrollen sowie die 1 und 2 Monate behandelten Tiere);

Stadium I: minimale Lipidplaques, vor allem in der Umgebung des Gefäßursprungs (von den 3 Monate behandelten Tieren = 10, von den 4 Monate behandelten Tieren = 3);

Stadium II: zusammenfließende fettige, fibrotische Gebiete in 40 bis 50% der inneren Aortenoberfläche (von den 3 Monate behandelten Tieren = 2, von den 4 Monate behandelten Tieren = 10, von den 5 Monate behandelten Tieren = 6);

Stadium III: ulzerierende lipid-, eventuell kalkhaltige Gebiete in mehr als 50% der inneren Gefäßoberfläche (von den 4 Monate behandelten Tieren = 1, von den 5 Monate behandelten Tieren = 9 Kaninchen).

Der Lipid- bzw. Lipoproteingehalt der Gefäße wurde nicht untersucht. Die „azetontrockenen" Aorten wurden in einer Schlagmühle grob gemahlen. Die Mukopolysaccharide wurden nach der Methode von BUDDECKE [11] extrahiert. Die Fraktionierung der rohen MPS-Masse erfolgte nach der Methode von SCHILLER et al. [54] in NaCl-Lösung unter Zusatz eines quaternären Ammoniumsalzes (wir verwendeten Zetylpyridiniumbromid anstelle von Zetylpyridiniumchlorid). Der Mukopolysaccharidgehalt der Fraktionen nach SCHILLER et al. [54] wurde auf Grund ihres Hexuronsäuregehaltes bestimmt, und zwar in Fraktion I (Hyaluronsäure) und III (Heparin-Heparitin) nach dem Kerbazolverfahren von DISCHE [20]; in Fraktion II (Chondroitinsulfat) wurde neben der DISCHE-Reaktion auch der Iduronsäuregehalt mit der Orzinolmethode von CHAIN und PFOB [16] bestimmt. Die Auswertung der Reaktionen erfolgte mit einem Spektrophotometer, Typ „Spectromom".
Der Gesamt-MPS-Gehalt der Aorten sowie die Menge der einzelnen Fraktionen ist als µg Uronsäure/100 mg Trockensubstanz angegeben.
Da wir mit unserer Methode zwischen den Fraktionen A und C des Chondroitinsulfats sowie zwischen Heparin und Heparitin nicht unterscheiden konnten, haben wir sie mit Chondroitinsulfat A+C (ChS A+C) bzw. Heparin-Heparatin (H+H) bezeichnet.

Ergebnisse

Der *Gehalt an sauren Mukopolysacchariden* beträgt in der Aorta der Kontrolltiere je 100 mg Trockengewicht durchschnittlich 714 µg. In der Aorta der 1 Monat lang behandelten Tiere fanden wir — ohne makroskopische Gefäßveränderungen — einen bedeutend höheren MPS-Wert. Der MPS-Gehalt der Aorta erreichte im 3. Behandlungsmonat ein Maximum und fiel dann wieder etwas ab (Tab. 1).

Die *Chondroitinschwefelsäure-A+C-Fraktion* macht etwa die Hälfte der MPS in der Kontrollgruppe aus. Bei Cholesterinfütterung steigt der Chondroitinsulfat-Gehalt in den ersten 3 Behandlungsmonaten sehr rasch, im 4. und 5. Monat langsamer an (Tab. 1).

Die Menge der *Hyaluronidase-resistenten Chondroitinschwefelsäure* betrug in der Aorta der Kontrolltiere 86 µg/100 mg. Nach einmonatiger Cholesterinfütterung blieb der Chondroitinsulfat-B-Gehalt im Vergleich zu den Kontrollen zunächst unverändert. Im 2. und 3. Monat ist ein deutlicher Anstieg zu verzeichnen. Bei weiterer Cholesterinfütterung vermindert sich der Chondroitinsulfat-B-Gehalt wieder (Tab. 1).

Die *Hyaluronsäure* macht in den Gefäßen der Kontrolltiere etwa ein Viertel der gesamten sauren MPS aus. Bei Cholesterinbehandlung steigt der Gehalt an Hyaluronsäure bis zum 4. Behandlungsmonat an und fällt dann im 5. Monat wieder ab, liegt aber auch hier noch deutlich über den Kontrollwerten.

Tabelle 1

Mukopolysaccharidgehalt der Aorta bei protrahierter Cholesterinfütterung (Angaben in µg/100 mg Trockengewebe und in % der einzelnen Fraktionen vom Gesamt-MPS-Gehalt)

Behandlung	Hyaluronsäure		Chondroitinsulfat A+C		Condroitinsulfat B		Heparin-Heparitin		Gesamt-MPS
	µg	= %	µg	= %	µg	= %	µg	= %	
Kontrollgruppe (10Tiere)	150±2,43	21,0	354±3,96	49,7	86±1,86	12	124±3,00	17,3	714
1 Monat (14 Tiere)	271±6,85	21,1	620±7,32	50,5	88±2,34	7,2	247±2,93	20,2	1226
2 Monate (12 Tiere)	458±1,40	26,2	772±7,77	44,0	153±2,53	8,7	370±1,48	21,1	1753
3 Monate (12 Tiere)	521±4,59	23,3	1020±7,95	46,3	243±2,45	11,0	438±3,10	19,4	2202
4 Monate (14 Tiere)	530±4,4	24,2	1150±12,65	52,4	204±4,01	9,3	311±3,26	14,1	2195
5 Monate (15 Tiere)	330±3.75	15,7	1406±8,55	68,5	114±2,54	5,4	220±4,98	10,4	2104

Der *Heparin-Heparitin-Gehalt* der Aorta der Kontrolltiere beträgt durchschnittlich 124 μg/100 mg. Bei einem Monat dauernder Cholesterinfütterung verdoppelte sich der Wert, bei 2 Monate lang behandelten Tieren stieg er auf das ca. 3fache. Auch im 4. Monat ist noch ein weiterer Anstieg im Heparin-Heparitin-Gehalt zu beobachten. Bei den 5 Monate lang behandelten Tieren nimmt mit der Entstehung und Progression der Gefäßveränderungen der Heparin-Heparitin-Gehalt in der Aorta ab (Tab. 1).

Die Ergebnisse zusammenfassend kann festgestellt werden, daß sich während der experimentellen Cholesterinsklerose nicht nur die Menge, sondern auch das Verhältnis der sauren MPS ändert. Bei der Entstehung der Gefäßveränderungen zeigt das Verhältnis des Heparin-Heparitins und der Chondroitinsulfat-B-Fraktion eine starke, die Hyaluronsäure nur eine mäßige Abnahme, während der Anteil des Chondroitinsulfats stark ansteigt (Tab. 1).

Diskussion

Bei der experimentellen Cholesterinsklerose kommt es zum chemischen und zytologischen Umbau der Gefäße. Die auffälligsten Zeichen des Umbaues — Veränderungen des Fasersystems, Muskeldestruktion, Lipoidablagerung — sind allgemein bekannt. Indessen sind die Verhältnisse in der Zwischensubstanz im Hinblick auf die quantitativen und qualitativen Veränderungen der sauren MPS und die pathogenetischen Auswirkungen dieser Veränderungen noch nicht vollkommen geklärt und auch die bekannten Angaben sind stark umstritten.

Unsere Experimente können eine Erklärung dafür geben, daß verschiedene Autoren für den MPS-Gehalt der atherosklerotischen Gefäße verschiedene Werte fanden. In der Anfangsphase der experimentellen Cholesterinsklerose, solange noch keine Gefäßveränderungen vorhanden sind, kann eine Zunahme der sauren Mukopolysaccharide der Aorta nachgewiesen werden. Bei Cholesterinbehandlung zeigt der Heparin-Heparitin-Gehalt einen raschen Anstieg; diese erhöhte Heparinproduktion ist nicht nur in der Gefäßwand, sondern auch im Blut und in anderen Organen nachweisbar. Bis heute ist die Rolle des Heparins in der Pathogenese der Atherosklerose ungeklärt. Nach Gerö et al. [30, 31], Bihari-Varga et al. [3, 4, 5, 6], Mustakallio u. Levonen [50] u. a. bildet das Heparin-Heparitin mit den Lipoproteinen einen wasserunlöslichen Komplex und spielt somit in der Gefäßwandlipoidose eine bedeutende Rolle. Andererseits fanden Graham et al. [34], Gore et al. [33], Faber und Geill [24, 26] u. a., daß durch Heparingabe die menschliche Atherosklerose verbessert und die experimentelle Sklerose kupiert werden kann.

Oshima et al. [52] haben nachgewiesen, daß eine Gabe von Sulfomukopolysacchariden die Cholesterinsklerose verzögert und die menschliche Gefäßverkalkung deutlich bessert. Japanische Autoren nehmen eine antiatherogene Wirkung der Mukopolysaccharide an und glauben, den in der Gefäßwand abgelagerten sauren MPS eine Barrierewirkung zuschreiben zu können.

Zweifellos kann mit uronsäurehaltigen Polysacchariden die experimentelle Sklerose kupiert werden, doch ist dieser Mechanismus noch nicht vollständig geklärt.

Cseh und Szabó [19] konnten nachweisen, daß die erhöhte MPS-Konzentration die Lipaseaktivität erhöht, und zwar besitzt nicht nur das Heparin, sondern auch das Heparitin, Chondroitinsulfat, Pektin usw. eine enzymaktivierende Wirkung, welche durch Protaminsulfat aufgehoben werden kann. Andererseits fanden Gore et al. [33], daß durch Protaminsulfatgabe — wahrscheinlich infolge einer Hemmung der Gefäßwand-MPS — schwere Gefäßveränderungen hervorgerufen werden können.

Auf Grund der Literaturangaben und unserer eigenen Erfahrungen können wir eine Abwehrfunktion der MPS in der Gefäßwand annehmen. Dafür spricht vor allem das Verhältnis der MPS und Lipoproteine zur Lipase und ferner, daß durch Polysaccharide die Atherosklerose verhindert werden kann [17, 27, 28, 45, 51].

Es ist bekannt, daß rheumatische Gefäßveränderungen selten mit Atherosklerose assoziiert sind, jedoch in den Gefäßen stets ein sehr bedeutender MPS-Anstieg nachweisbar ist. Valaitis et al. [58], Oshima et al. [51], Shekhter [55] und Morozova [49] haben einstimmig festgestellt, daß bei rheumatischen Gefäßveränderungen in erster Linie das Heparin-Heparitin und in geringerem Maße auch das Chondroitinsulfat zunehmen. Bei anderen Erkrankungen, bei denen die MPS-Zunahme in der Gefäßwand ebenfalls bedeutend ist, kommt es seltener zur Atherosklerose. Andererseits ist bei bestimmten Krankheitsbildern der saure MPS-Gehalt der Gefäßwand vermindert oder er fehlt und dennoch sieht man auffallend häufig eine Gefäßverkalkung. Diese Feststellung bezieht sich in erster Linie auf die mit Diabetes assoziierte Atherosklerose [1, 35, 53], sowie auf die bei M. Cushing und Cushing-Syndrom bei Kortisongabe entstehende, der cushingoiden Veränderung ähnliche Gefäßverkalkung [56].

In unseren früheren [39] Untersuchungen über die menschlichen hypothyreotischen Gefäßveränderungen haben wir festgestellt, daß mit der Hypothyreose nur dann eine Gefäßverkalkung einhergeht, wenn der MPS-Gehalt der Gefäßwand sinkt und gleichzeitig eine bedeutende Depolymerisation des Heparin-Heparitin entsteht [38]. Takeuchi et al. [57] gelangten auf Grund ihrer Untersuchungen über die menschliche sowie experimentelle Sklerose zur gleichen Feststellung. Sie konnten nachweisen, daß der Lipoidablagerung in jedem Fall eine MPS-Abnahme und Depolymerisation der Intima vorangeht.

Unsere gegenwärtige Versuchsreihe hat zur Rolle der Gefäßwand-MPS neue Beiträge geliefert. Die Analyse unserer Ergebnisse führt zu der Feststellung, daß bei Cholesterinfütterung in den Gefäßen der Versuchstiere eine MPS-Zunahme eintritt, und zwar kommt es zu einem Anstieg aller MPS-Fraktionen. Wie wir auf Grund unserer histochemischen Untersuchungen feststellen konnten [37], ist die Hyaluronsäure in der Gefäßwand gleichmäßig verteilt, das Chondroitinsulfat erscheint größtenteils in der Media und das Heparin-Heparitin lagert sich vor allem in der Intima ab. Dieser MPS-Anstieg dauert bis zum 3. Behandlungsmonat, dann nehmen die MPS zuerst in der Intima, später in der Media ab. Die Ergebnisse der biochemischen Untersuchungen zeigen, daß der Heparin-Heparitin-Gehalt der Gefäßwand abnimmt, gleichzeitig verschwindet die anticholesterinämische Substanz aus dem Blut und parallel damit kann histochemisch eine Lipidablagerung in der Intima sowie das Verschwinden des Heparin-Heparitins beobachtet werden.

Bei protrahierter Cholesterinfütterung vermindert sich der größte Teil der MPS-Fraktionsmenge und nur das Chondroitinsulfat A+C zeigt einen Anstieg auch nach 5 Monaten dauernder Behandlung, obwohl sich die Geschwindigkeit der Zunahme im 4. bis 5. Monat verlangsamt. Wir nehmen an, daß der MPS-Anstieg innerhalb der Gefäßwand eine Abwehrreaktion des Organismus bzw. des Mesenchyms gegen die Hypercholesterinämie und Hyperlipämie darstellt. Ebenso wie JUNGE-HÜLSING et al. [40] betrachten wir diese Abwehrreaktion als nicht spezifisch und sind der Meinung, daß mit der Erschöpfung dieser Reaktion die MPS-Produktion abnimmt und eine Atherosklerose entsteht.

Literatur

[1] BELL, E. T.: Archs Path. **53**, 444 (1952).
[2] BERENSON, G. S.: Biochim. biophys. Acta. **28**, 176 (1958).
[3] BIHARI-VARGA, M., J. GERGELY, u. S. GERŐ: Orv. Hétil. **104**, 1401 (1963).
[4] BIHARI-VARGA, M., J. GERGELY u. S. GERŐ: Orv. Hétil. **104**, 2130 (1963).
[5] BIHARI-VARGA, M., J. GERGELY u. S. GERŐ: J. Atheroscler. Res. **4**, 106 (1964).
[6] BIHARI-VARGA, M. u. S. GERŐ: Acta physiol. hung. **29**, 273 (1966).
[7] BÖTTCHER, C. J. F., F. P. WOODFORD, C. CH. TER HAAR ROMENY-WACHTER, E. BOELSMA—VAN HOUTE u. C. M. VAN GENT: Lancet. I. 1378, 1960.
[8] BÖTTCHER, C. J. F. u. F. B. KLYNSTRA: J. Atheroscler. Res. **2**, 263 (1962).
[9] BÖTTCHER, C. J. F. u. F. B. KLYNSTRA: Lancet. II. 439, 1963.
[10] BÖTTCHER, C. J. F., F. P. WOODFORD u. F. B. KLYNSTRA: J. Atheroscler. Res. **3**, 24 (1963).
[11] BUDDECKE, E.: Hoppe-Seyler's Z. physiol. Chem. **310**, 171 (1958).
[12] BUDDECKE, E.: Hoppe-Seyler's Z. physiol. Chem. **310**, 182 (1958).
[13] BUDDECKE, E.: Hoppe-Seyler's Z. physiol. Chem. **310**, 199 (1958).
[14] BUDDECKE, E.: Hoppe-Seyler's Z. physiol. Chem. **318**, 33 (1960).
[15] BUDDECKE, E.: J. Atheroscler. Res. **2**, 32 (1962).
[16] CHAIN, H. u. H. PFOB: Virchows Arch. path. Anat. Physiol. **335**, 240 (1962).
[17] CONSTANTINIDES, P. u. P. SAUNDERS: Archs Path. **65**, 360 (1958).
[18] CURRAN, R. C. u. A. J. CRANE: J. Path. Bact. **84**, 405 (1962).
[19] CSEH, G. u. K. I. SZABÓ: Acta physiol. hung. **25**, 117 (1964).
[20] DISCHE, Z.: J. biol. Chem. **167**, 189 (1947).
[21] DYRBYE, M. u. J. E. KIRK: J. Geront. **12**, 20 (1957).
[22] EMMRICH, R.: Biochemie der Gefäßwand. In: Gefäßwand und Blutplasma. I. R. EMMRICH u. R. PERLICK (Hrsg.), G. Fischer, Jena 1961.
[23] ENGELBERG, H., R. KUHN u. M. STEINMANN: Circulation **13**, 489 (1956).
[24] FABER, M.: Acta med. scand. **125**, 418 (1946).
[25] FABER, M.: Archs Path. **48**, 342 (1949).
[26] FABER, M. u. T. GEILL: Archs Path. **70**, 244 (1960).

[27] Fischer, H., W. G. Siller u. P. Griminger: J. Atheroscler. Res. **6**, 292, 1966.
[28] Fischer, H., G. W. van der Noot, W. S. Grath u. P. Griminger: J. Atheroscler. Res. **6**, 190 (1966).
[29] Fleischhacker, H.: Wien. med. Wschr. **103**, 493 (1953).
[30] Gerő, S., J. Gergely, T. Dévényi, L. Jakab, J. Székely u. S. Virág: Orv. Hétil. **102**, 1165 (1961).
[31] Gerő, S., J. Gergely, T. Dévényi, L. Jakab, J. Székely u. S. Virag: J. Atheroscler. Res. **1**, 67 (1961).
[32] Gibian, H.: Mucopolysaccharide und Mucopolysaccharidasen. F. Deuticke, Wien 1959.
[33] Gore, I., Y. Tanaka u. H. A. White: Archs Path. **78**, 181 (1961).
[34] Graham, D. M., P. T. Lyon, J. W. Gofman, H. B. Jones, A. Yankley, J. Simmonton u. S. White: Circulation **4**, 661 (1951).
[35] Hauss, W. H., G. Junge-Hülsing u. H. Otto: Untersuchung über den Stoffwechsel der Mucopolysaccharide bei Alloxan diabetischen Ratten. In: Diabetische Angiopathie. Mohnike, G. (Hrsg.) Akademie Verlag, Berlin 1964, S. 229.
[36] Józsa, L., Mária Perneczky u. G. Lusztig: Zentbl. allg. Path. path. Anat. **103**, 200 (1962).
[37] Józsa, L.: Érfal és vér mucopolysacharida vizsgálatok kisérletes cholesterinsclerosisban. Vortrag am 30. November 1965. Szeged.
[38] Józsa, L.: Az emberi aorta-mucopolysaccharidák polymerisáltságának vizsgálata. Vortrag am 25. Februar 1966. Budapest.
[39] Józsa, L. u. Gy. Szederkényi: Endokrinologie. **50**, 116, (1966).
[40] Junge-Hülsing, G., K. Wirth, K. Matthes u. F. König: Über die Veränderungen des Bindegewebsstoffwechsels bei der Arteriosklerose und bei anderen Gefäßerkrankungen. G. Fischer, Jena 1965, S. 29.
[41] Kirk, J. E. u. H. Dyrbye: J. Geront. **12**, 23 (1957).
[42] Liang, I. u. J. E. Kirk: J. Geront. **12**, 388 (1957).
[43] Linder, J.: Histochemie der Atherosklerose. In: Arteriosklerose. G. Schettler (Hrsg.) G. Thieme, Stuttgart 1961. S. 51.
[44] Loeper, J., J. Loeper u. A. Lemaire: Presse méd. **74**, 865 (1966).
[45] Lusztig, G., L. Józsa, Mária Perneczky, L. Sajtos, J. Pataky u. L. Szikulai: Z. ges. inn. Med. **17**, 114 (1962).
[46] Lusztig, G., Szabó Zsuzsa u. L. Józsa: Folia haemat., Lpz. **86**, 283 (1966).
[47] Manler, G. u. P. W. Kent: Br. J. exp. Path. **46**, 635 (1963).
[48] Milch, R. A.: Mon. surg. Sci. **2**, 261 (1965).
[49] Morozova, M. M.: Arkh. Patol. **26/3**, 26 (1964).
[50] Mustakallio, K. K. u. E. Levonen: J. Atheroscler. Res. **4**, 370 (1964).
[51] Oshima Y., Y. Mizushima, S. Sasaki, F. Haruki, M. Toyama, Y. Yokoyama, M. Furuichi, T. Yoshizaki, R. Yokohari, K. Umezono, A. Otsuki, M. Noda u. T. Miyamoto: Mucopolysacharide and rheumatic disseases. In: Biochemistry and medicine of mucopolysaccharides. Egami, F. u. Y. Oshima (Hrsg.) Maruzen Co. Tokyo 1962, S. 198.
[52] Oshima, Y., R. Yokohari, T. Odoi, K. Murata, K. Wago, A. Otsuki, M. Noda u. T. Miyamoto: Clinical and experimental studies on mucopolysaccharides. Mucopolysaccharide and atherosclerosis. In: Biochemistry and medicine of mucopolysaccharides. Egami, F., Y. Oshima (Hrsg.) Maruzen Co. Tokyo 1962. S. 259.
[53] Randerath, G. u. P. B. Diezel: Dt. Arch. klin. Med. **205**, 523 (1959).
[54] Schiller, S., G. N. Slover u. A. Dorfman: J. biol. Chem. **236**, 938 (1961).
[55] Shekhter, A. B.: Arkh. Patol. **25/8**, 14 (1964).
[56] Stötzer, H.: Zentbl. allg. Path. path. Anat. **101**, 274 (1960).
[57] Takeuchi, M., E. Kimoto, Y. Tanaka: Kurume med. J. **11**, 107 (1964).
[58] Valaitis, J., G. Clifford u. M. M. Montgomery: Archs Path. **63**, 207 (1957).

Summary

L. Józsa, B. Góg and G. Lusztig: Investigations on the mucopolysaccharide content of the aorta at different stages of an experimental cholesterol sclerosis

Changes of the mucopolysaccharides of the aorta following prolonged feeding of the animals with cholesterol were studied.
1. The chondroitin sulfate A+C content of the aorta of rabits increases rapidly at the beginning and then more slowly in the course of treatment.
2. The content of hyaluronic acid, chondroitin sulfate-B and of heparin-heparitine increases at the beginning of cholesterol treatment and decreases slowly after a 3 months period of application.
3. The lipoid-atheromatous changes of the vessels are preceded by a reduction of the heparin-heparitine and chondroitin sulfate-B content of the wall of the vessel.

Резюме

Л. Йоша, Б. Гог и Г. Луштиг: Исследование содержания мукополисахаридов аорты в разных стадиях экспериментального холестеринного склероза

Исследовались изменения мукополисахаридов аорты после продолжительного кормления животных холестерином. Получены следующие результаты:
I. Содержание хондроитинсульфата A+C аорты кролика быстро поднимается вначале обработки, а вдальнейшем показывает более умеренный подъем.
2. Содержание гуалуроновой кислоты, хондроитин-сульфата-B и гепарин-гепаритина увеличивается вначале кормления животных холестерином. После трехмесячной обработки наблюдается постепенное уменьшение.
3. Возникновению липоид-артероматозных изменений предшествует уменьшение содержания гепарин-гепаритина и хондроитин-сульфата-B в стенке сосуда.

Acta biol. med. germ., Band 20, Seite 195—201 (1968)

Research Institute for Pharmacy and Biochemistry, Prague (Director: Dr. Ing. O. Němeček); Institute for Cardiovascular Research, Prague (Director: Prof. Dr. med. J. Brod); Institute for Clinical and Experimental Surgery, Prague (Director: Prof. Dr. med. B. Špaček)

Nalidixic Acid (Negram) in Experimental Ascending E. coli Pyelonephritis

L. Koníčková, V. Prát, M. Hatala and D. Urbanová

(Received: 20. 6. 1967)

Summary

A new chemotherapeutic drug, nalidixic acid (Negram), was investigated in a model of acute ascending E. coli pyelonephritis in the rabbit. Both bacteriological and histological findings proved a marked anti-infective activity of this drug. In all cases the development of pyelonephritis was prevented, and a sterilization of the kidney tissue was achieved despite a considerable degree of infection of both the urine and the kidneys prior to the commencement of the treatment.

Introduction

Nalidixic acid (Negram) belongs to the group of new chemotherapeutic agents aimed primarily at the treatment of bacterial inflammations of the kidneys and urinary tract. It has been employed mainly in the treatment of both acute and chronic urinary tract infections caused by E. coli, Aerobacter, Proteus, and Klebsiella; further, it has been used in the treatment of gastrointestinal infections due to Salmonella and Shigella. The usual adult human dose is 4 g daily, divided into four doses of 1 g each, taken every six hours. Of side effects of the drug there may be mentioned nausea and rare cases of vomiting or diarrhea. Headache, vertigo, and skin alterations occur only sporadically. Hypersensitivity of the skin against ultraviolet radiation was described as well.

A considerable number of contributions concerning the efficacity of nalidixic acid against a variety of bacterial strains in vitro as well as the results of its clinical use against various types of urinary tract infections has been published already [4, 5, 8, 10, 11, 13, 14]. Neither laboratory tests in vitro or clinical observations, however, are sufficient for a completely conclusive evaluation of the antibacterial activity of the drug. This lack of evidence is due to the fact that the biological conditions, under which the laboratory tests are performed, are different from the in vivo conditions, when the active drug exerts its effect directly within the tissue infected by the microbes, where the inflammatory process has been developing. Several authors prefer the testing of antiinfective drugs in a lobaratory model analogous to an infection in man [3, 7]. No pusblihed reports have been found on testing nalidixic acid in this way. We decided therefore to evaluate the drug in experimental pyelonephritis in the rabbit. Since the drug accumulates principally in the urine in concentrations sufficient for exerting a bactericidal effect, we employed a model of ascending pyelonephritis. One of the strains of the genus E. coli has been chosen as the infecting agent since human urinary tract infections are most frequently caused by this microbs.

Method

The experiments were made in male chinchilla rabbits. Animals in which a spontaneous urinary tract infection had been disclosed by a preliminary bacteriological examination of the urine were not used for the experiment.

Acute purulent unilateral pyelonephritis was brought about by injecting through a catheter a suspension of a hemolytic strain of E. coli, serotype 026:B6, into the urinary bladder of rabbits, whose left ureter had been ligated immediately before the experiment; the live microbes count in the suspension was about $6 \cdot 10^9$/ml. The penetration of the infection from the urinary bladder into the kidneys was made possible by using a sufficiently large volume (23 ml) of the microbial suspension and by repeated digital compression of the filled bladder through the abdominal wall. Detailed data in the method and development of ascending pyelonephritis were published in a previous paper [9].

On the second day after the injection of microbes into the urinary bladder, the treatment was started, and it was continued for 9 days altogether. Three days later the animals were sacrificed by an injection of thiopental solution into the heart cavity.

During the section, the abdominal cavity was opened, and first of all the urine was withdrawn under sterile conditions by a punction of the urinary bladder wall with the aid of an injection needle. The urine was then subjected to bacteriological examination. Further, both kidneys and the urinary bladder were removed. Each kidney was divided by two cuts into three parts. The upper and lower poles of each kidney were subjected to a separate bacteriological examination. The middle parts of the kidneys and the urinary bladder were subjected to histological examination employing the usual technique. The bacteriological examinations of the urine and the kidney tissues were performed employing the quantitative method of serial dilution (streak plate technique), whereby the microbial count per ml of urine or per gram of homogenized kidney tissues was established. Whenever E. coli was found, the cultivated strain was identified, with the aid of the slide agglutination method using a specific anti-OB serum, with the strain whose suspension had been employed for the infection of the urinary bladder.

Nalidixic acid (Negram, The Wintrop Products Company, SURREY, England) was administered in an aqueous suspension through a gastric sound in daily doses of 150 mg/kg body weight. A fresh suspension of the drug was being prepared every day. The tube dilution method revealed that the growth of E.coli 026:B6 strain was inhibited by nalidixic acid (Negram) in concentration ranging between 6.5 and 13.5 mcg/ml.

Two groups of animals served for controls. In both these groups a suspension of E.coli was injected into the urinary bladder of the rabbits under conditions identical with those observed in the group subjected to the treatment. The rabbits in the control groups, however, were not given the drug. The animals in one of the control groups were sacrificed on the day following the day of the urinary bladder infection; those in

Table 1

Bacteriological findings (E. coli 026) in rabbits treated with nalidixic acid (Negram) and in untreated controls

Experimental group	Number of animals (=100%)	Urine			Left kidney				Right kidney			
		Neg.	10^1–10^3	10^4 and more	Neg.	10^1–10^2	10^3–10^4	10^5 and more	Neg.	10^1–10^2	10^3–10^4	10^5 and more
Nalidixic acid	14	13	0	1	14	0	0	0	14	0	0	0
		(92.9%)	1 (7.1%)		(100%)				(100%)			
Control Group I	17	0	2	15	1	2	10	4	7	2	7	1
			17 (100%)		(5.9%)		16 (94.1%)		(41.2%)		10 (58.8%)	
Control Group II	33	6	5	22	7	5	5	16	18	5	4	6
		(18.2%)	27 (81.8%)		(21.2%)		26 (78.8%)		(54.5%)		15 (45.5%)	

Control group I = the animals were sacrificed on the day following the infection of the vesicle.

Control group II = the animals were sacrificed 12 days after the infection of the vesicle.

Between the treated group and both control groups there exist statistically significant differences at the significance level $p = 0.05$ at a 95% confidence interval other control group were sacrificed on the twelfth day after the infection, i.e., after the same time period as was the case in the animals subjected to the treatment. The short-termed experiment supplied bacteriological findings in the kidneys and in the urine at the time point when the treatment was being commenced. The other control group served for comparsion of bacteriological and histological findings obtained respectively in the treated and the untreated animals after an identical time period.

Table 2

Histological findings

Experimental group	Number of animals (= 100%)	Left kidney			Right kidney			Urinary vesicle	
		Neg.	+	++	Neg.	+	++	Neg.	+
Nalidixic acid (Negram)	14	14 (100%)	0	0	14 (100%)	0	0	13 (92.9%)	1 (7.1%)
Untreated controls	33	4 (12.1%)	5 (15.1%)	24 (72.8%)	31 (94.0%)	2 (6.0%)	0	26 (78.8%)	7 (21.2%)

Kidneys: + focal purulent inflammation in the parenchyma or in the pelvis wall.
++ extensive purulent to absceding inflammation of both the parenchyma and the pelvis wall (purulent absceding pyelonephritis).

Urinary vesicle + catarrhal purulent inflammation

Between both groups there exist in the findings in the left kidney statistically significant differences at the significance level $p = 0.05$ at a 95% confidence interval.

Results

1. *Bacteriological findings*

In 14 rabbits treated with nalidixic acid (Negram), the tissues of both the left and the right kidneys were sterile in all cases (Table 1). A positive findings in the urine was encountered in only one rabbit (7.1%).

In the first control group comparising 17 rabbits that were sacrificed on the day following the injection of microbes into the urinary bladder, the tissue of the left kidney (injured by the temporary ligature of the ureter) exhibited positive bacteriological findings in 16 animals (94.1%); the tissue of the intact right kidney exhibited positive findings in 10 animals (58.8%). Bacteriuria was found in all 17 rabbits, and the microbe count was high in most cases.

In the other control group, in which the animals were sacrificed after an identical time period following the infection as was the case in the experimental group, of 33 animals 26 (78.8%) exhibited positive findings in the left kidney, and 15 (45.5%) animals in the right kidney. Bacteriuria was found in 27 (81.8%) animals; in this group the E. coli count was high in most cases, too.

2. Histological findings

In all 14 animals treated with nalidixic acid, the findings in both kidneys were negative as far as purulent inflammatory changes were concerned (Table 2). The histological examination of the kidneys revealed only a moderate fibroproductive pyelitis or a proliferation of the interstitial connective tissue. Only in one rabbit (7.1%) a catarrhal purulent inflammation was found in the urinary bladder.

The control group of animals which were sacrificed on the day following the bladder infection was not subjected to histological examinations.

In the other control group comprising 33 rabbits that were sacrificed 12 days after the bladder infection, the following lesions were found: the left kidney (injured by the temporary ligature of the ureter) was affected in 24 cases (72.8%) by a severe absceding inflammation accompanied by perinephritis (Fig. 1), and in 5 cases (15.1%) by less serious focal changes (Fig. 2). The right kidney was affected by a focal inflammation in 2 cases (6.1%), while in not a single case any severer absceding changes were observed. The urinary bladder was affected by an acute inflammation in 7 cases (21.2%).

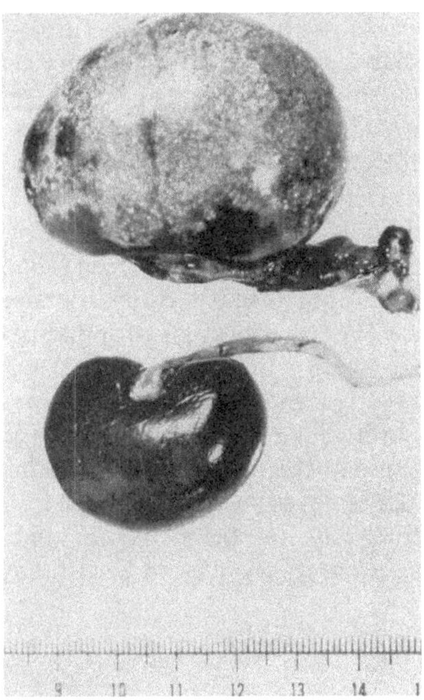

Fig. 1. Acute left-sided diffuse purulent pyelonephritis and perinephritis

Fig. 2. Two purulent foci on the surface of the left kidney

Discussion

The experimental results unequivocally proved a marked antibacterial activity of nalidixic acid in a model of acute ascending E. coli infection of the kidneys and the efferent urinary tract in the rabbit. Both the bacteriological and histological findings proved that nalidixic acid prevented the development of pyelonephritis and sterilized both the kidney tissue and the urine. The control experiments showed that at the time when the therapy was being started the microbes had already taken foothold and multiplied in the kidneys, and that a marked bacteriuria was found in the animals. A further proof of the activity of nalidixic acid are frequent positive bacteriological findings as well as conspicuous pathologico-anatomical changes, observed in the other control group of rabbits that were left to the spontaneous development of the process for the same time period as was the case in the animals subjected to the treatment.

It is difficult to compare the effect of nalidixic acid with that of the other anti-infective drugs since the experimental conditions described by individual authors differ each from the other. Our findings can be compared only with the results obtained under identical conditions in the treatment with nitrofurantoin [6]. In these experiments the efficacity of nitrofurantoin attained about 50% of the efficacity of nalidixic acid. It must be noted, however, that in the previous experiments with nitrofurantoin, the sensitivity against nitrofurantoin of the strain employed was again about 50% of the sensitivity against nalidixic acid of the same strain employed in the present experiments. On the other hand, a number of laboratory tests and an extensive clinical experience confirm a greater antibacterial efficiency of nalidixic acid in comparison with nitrofurantoin [2, 8, 12].

On our experiments, the efficacity of nalidixic acid could be tested only in a model of an acute infection. It would be an important finding if an equally high efficacity of the drug were proved in a model of a chronic E. coli infection of kidney tissue; unfortunately, such a model has not been reliably produced yet. Clinical results reveal, in chronic urinary tract infections, a marked superiority of the therapeutical effect achieved with nalidixic acid over those attained with modern antiinfective drugs [1].

Another problem to be experimentally investigated is that of the efficacity of nalidixic acid in a model of hematogenic pyelonephritis. With regard to the circulation of nalidixic acid in the organism, the drug may be presumed not to exhibit in this infection so high a degree of efficacity as it did in the ascending infection type, which latter efficacity has been documented in our present contribution. Our further experiments have been dedicated to the investigation of the said problem.

References

[1] BARLOW, A. N.: Br. med. J. **2**, 1308 (1963).

[2] GIBBON, N. O. K., J. G. BENSTEAD u. G. C. MISRA: Post-grad. med. J. **41**, 501 (1965).

[3] HUNTER, B. W., L. L. SOUDA u. J. P. SANFORD in: Antimicrobial Agents and Chemotherapy. Proc. 3rd intersci. Conf. 1963. Amer. Soc. Microbiol., Ann Arbor 1964, S. 608.
[4] JAMESON, R. M.: Br. med. J. **2**, 621 (1965).
[5] JAMESON, R. M. u. J. SWINNEY: Br. J. Urol. **35**, 122 (1963).
[6] KONÍČKOVÁ, L., V. PRÁT, M. HATALA u. D. URBANOVÁ: im Druck.
[7] LIPMAN, R. L., E. TYRELL, J. SMALL u. A. P. SHAPIRO: J. Lab. clin. Med. **67**, 546 (1966).
[8] LISHMAN, I. V. u. J. SWINNEY: Br. J. Urol. **35**, 116 (1963).
[9] PRÁT, V., M. HATALA, L. KONÍČKOVÁ u. D. URBANOVÁ: Virchows Arch. path. Anat. Physiol. **342**, 103 (1967).
[10] SENECA, H.: J. Urol. **94**, 82 (1965).
[11] SLADE, D. A.: Br. J. Urol. **35**, 125 (1963).
[12] THOMPSON, R. E. M. u. J. RAE: Br. J. Urol. **35**, 42 (1964).
[13] TITZE, W. u. W. BIECHTELER: Medsche Klin. **60**, 89 (1965).
[14] WARD-MCQUAID, J. F. N. C., D. JICHLINSKI u. R. MACIS: Br. med. J. **2**, 1311 (1963).

Zusammenfassung

L. KONÍČKOVÁ, V. PRÁT, M. HATALA und D. URBANOVÁ: Nalidixinsäure (Negram) bei experimenteller aufsteigender E.coli-Pyelonephritis

Ein neues Chemotherapeutikum, Nalidixinsäure (Negram), wurde am Modell einer akuten E.coli-Pyelonephritis beim Kaninchen untersucht. Sowohl die bakteriologischen, als auch die histologischen Befunde zeigten eine deutliche antiinfektive Aktivität dieser Substanz. In allen Fällen wurde die Nierenbeckenentzündung verhindert und eine Sterilisierung des Nierengewebes erreicht, trotz des erheblichen Infektionsgrades des Urins und der Nieren vor Beginn der Behandlung.

Резюме

Л. Коничкова, В. Прат, М. Гатала и Д. Урбанова: Налидиксиновая кислота (неграм) при экспериментальном восходящем пиелонефрите E. coli

Новое химотерапевтическое вещество, налидиксиновая кислота, исследовалось на модели острого пиелонефрита E. coli у кролика. Бактериологические и гистологические данные показали явную противозаразительную активность этого вещества. Развитие пиелонефрита предотвращелось во всех случаях и достигалась стерилизация почечной ткани, несмотря на значительную степень инфекции мочи и почек до начала лечения.

Acta biol. med. germ., Bd. 20, Seite 203—222 (1968)

Aus dem Zoologischen Institut der Karl-Marx-Universität Leipzig
(Direktor: Prof. Dr. G. STERBA)

Untersuchungen über einen Oxytozin-Karboxymethyldextran-Komplex und den immunologischen Nachweis von Isoleuzin^3-Leuzin^8-Oxytozin nach Immunisierung mit dem Hormon-Dextran-Komplex

W. SCHÄKER

(Eingegangen am 26. 7. 1967)

Zusammenfassung

1. Isoleuzin^3-Leuzin^8-Oxytozin wurde über Ionenbindung an Karboxymethyldextran (mittleres Molekulargewicht 59000, Substitutionsgrad 1,5) gekoppelt. Der Oxytozin-Dextran-Komplex erwies sich in seinen chemischen Eigenschaften als ein künstliches Analogon zum Neurosekret (Oxytozin-Neurophysin-Komplex). Gegenüber dem natürlichen Hormonkomplex war die Bindungsstabilität weniger *p*H-abhängig. Die Kopplung zwischen Oxytozin und Dextran war ohne meßbaren Einfluß auf die biologische Aktivität des Hormons.

2. Der Oxytozin-Dextran-Komplex diente zur Immunisierung von 5 männlichen und 1 weiblichen Kaninchen (Gesamtoxytozindosis 17—24 mg/kg Körpergewicht). Die Antigeninjektionen erfolgten teilweise in Kombination mit inkompletten FREUNDS Adjuvans. Alle Versuchstiere bildeten Antikörper gegen das Oxytozinantigen. Lediglich bei einem adipösen männlichen Kaninchen war die Immunisierung sehr schwach. Es traten keine Mischantikörper gegen den Komplex auf.
Der Nachweis der Immunkörper gelang in der modifizierten passiven Hämagglutination nach STAVITSKY und ARQUILLA und nach BOYDEN, durch eine Hemmung der pharmakologischen Oxytozinwirkung, sowie durch Hämagglutinationshemmung.

3. Die ersten Antikörper konnten 16 Tage nach der 1. Antigeninjektion und das Titermaximum nach etwa 2 Monaten nachgewiesen werden. Danach folgte ein Absinken der in der passiven Hämagglutination nachweisbaren Immunglobuline. Antikörper waren noch nach 132 Tagen bei Abbruch der Versuche vorhanden.

4. Der Umfang der Antikörperproduktion war relativ hoch. Es konnten hohe Antikörpertiter (bis 1:640000), beträchtliche Agglutinationsstärken und die Bildung beachtlicher Mengen von Immunglobulinen (etwa 80 mg Oxytozin-Antikörpereiweiß pro Kaninchen) erzielt werden.

5. Die Antikörper reagierten nicht nur mit den immunologisch wirksamen, sondern auch mit den biologisch aktiven Gruppen des Oxytozinmoleküls.

Einleitung

Komplexe Untersuchungen zentralnervöser Funktionen der Oxytozine [72, 78—84] werden durch das Fehlen sehr empfindlicher und spezifischer Nachweisverfahren erschwert. Mit pharmakologischen Methoden [3, 15, 20, 21,

33, 49, 69, 76, 89] können die zu erwartenden zeitlichen, individuellen und geschlechtsspezifischen Schwankungen des Oxytozingehaltes nicht sicher erfaßt werden. Bessere Ergebnisse sind durch immunologische Untersuchungsmethoden zu erwarten [11, 46, 94]. Erste Erfahrungen immunologischer Arbeiten mit Oxytozinen liegen aus folgenden Laboratorien vor: Johns Hopkins Hospital, Baltimore [34], National Institute of Arthritis and Metabolic Disease, Clinical Endocrinology Branch, Department of Medicin, St. Louis, Missouri [62], Research Division, Sandoz Ltd., Basel [48].
Mit dieser Untersuchung sollten folgende Fragen beantwortet werden:

1. Ist es möglich, Antikörper mit hohem Titer gegen das niedermolekulare Isoleuzin[3]-Leuzin[8]-Oxytozin zu erzeugen?

2. Läßt sich eine reproduzierbare immunologische Nachweistechnik entwickeln?

3. Wie verläuft die Antikörperbildung?

4. Welche Voraussetzungen können für einen immunhistologischen Oxytozinnachweis geschaffen werden?

Material und Methodik

Versuchstiere: Die Untersuchungen erfolgten an 5 männlichen und 1 weiblichen Kaninchen (Alter 10—18 Monate, Gewicht 2200—2400 g). Das Antiserum wurde aus den Ohrvenen punktiert. Die Kaninchen bekamen 4—9 Antigeninjektionen von insgesamt 17—24 mg Oxytozin-Antigen/kg Körpergewicht. Das Hormon wurde als Oxytozin-Dextran-Komplex appliziert.

Oxytozin: Als Antigen diente synthetisches Isoleuzin[3]-Leuzin[8]-Oxytozin in Form eines gereinigten Lyophilisates[1] und eines vorgereinigten Rohproduktes[2], das neben verschiedenen Ionen Molekülbruchstücke enthielt.

Karboxymethyldextran[3]: Das Dextran stand als Natriumsalz in folgenden mittleren Teilchengewichten und Substitutionsgraden zur Verfügung: 13000 = 1,00 und 1,50; 30000 = 1,09 und 1,50; 59000 = 0,99 und 1,50; 30000 = 1,80 und (Sulfat)[4].
Ionenaustauscher[3]: Für die Kopplung des Oxytozins an das Dextran wurde der Ionenaustauscher KPS 200 (VEB Serumwerk Bernburg) verwendet. Regeneration erfolgte mit 10%iger Salzsäure.

Kopplung von Oxytozin an Karboxymethyldextran

Oxytozin ist ein schwaches Antigen [34, 48, 62, 66]. Um in kurzer Zeit Antikörper gegen das Hormon erzeugen zu können, wurde versucht, sein Teilchengewicht zu vergrößern [14]. Für die Kopplung wurde Karboxymethyldextran gewählt, weil damit die folgenden Voraussetzungen erfüllt werden konnten: 1. Erhaltung der noch unbe-

[1] Herrn Prof. Dr. J. Rudinger, Institut für Organische Chemie und Biochemie Prag; [2] der Firma Gedeon Richter, Budapest; [3] Herrn Dr. K. Gabert, Institut für Physik und Physikalische Chemie der Hochpolymeren Leipzig, danke ich für Material und methodische Hinweise.

[4] Die Chargen wurden vom Institut für Physik und Physikalische Chemie der Hochpolymeren, Leipzig, entwickelt.

kannten determinanten Gruppen; 2. Geringe Eigenantigenität der Trägersubstanz; 3. Vermeidung der Bildung von Mischantikörpern; 4. Erhaltung der oxytozischen Aktivität zur pharmakologischen Kontrolle des Kopplungsproduktes (Kopplungsbedingungen, Bindungsstabilität).

Die Kopplung sollte das Molekülgefüge des Oxytozins wenig beeinflussen. Deshalb wurde auf eine Bindung an reaktionsfreudige Gruppen innerhalb des Oktapeptides verzichtet [68]. Als Angriffspunkte kamen für eine Kopplung neben den Hydroxyl- und Methylgruppen vor allem die endständige Aminogruppe in Betracht. Das entspricht auch den natürlichen Verhältnissen der Bindung zwischen der alpha-Aminogruppe des Oxytozins und Karboxylgruppen des Neurophysins [18, 30, 35, 36]. Die Aminogruppen sind infolge ihres freien Elektronenpaares selbst unter Normalbedingungen reaktionsfreudig. Für eine Adduktion des Oxytozins an das Karboxymethyldextran standen 3 Synthesewege zur Auswahl:

1. Kopplung durch Bildung SCHIFFscher Basen:

$$\underset{\text{CMD}}{\mathrm{R{-}C(H){=}O}} + \underset{\text{Oxytozin}}{\mathrm{H_2N{-}R}} \rightarrow \underset{\text{Kopplungsprodukt}}{\mathrm{R{-}C(H){=}N{-}R}} + \mathrm{H_2O}$$

2. Kopplung durch Glykosidbildung:

$$\underset{\text{CMD}}{\mathrm{R_2C{=}O}} + \underset{\text{Oxytozin}}{\mathrm{H_2N{-}R}} \rightarrow \underset{\text{Kopplungsprodukt}}{\mathrm{R_2C{=}N{-}R}} + \mathrm{H_2O}$$

3. Kopplung über Ionenbindung:

$$\underset{\text{CMD}}{\mathrm{R{-}COO^-}} + 2\,\mathrm{H^+} + \underset{\text{Oxytozin}}{\mathrm{R{-}NH_2}} \rightarrow \underset{\text{Kopplungsprodukt}}{\mathrm{(R{-}COOO^-NH_3^+)}} + \mathrm{H_2R}$$

Das Oxytozin wurde nach dem 3. Reaktionsweg über Ionenbeziehungen an die Trägerkomponente gekoppelt, weil diese Reaktion wesentlich schonender verläuft als die beiden anderen Synthesen. Es bestand durch den elektrostatisch gebundenen Komplex eine gewisse Garantie für die Erhaltung der biologischen Aktivität und der antigenen Wirkung des Hormons. Bei der Wahl der Ionenbindung mußten jedoch die Kopplungsbedingungen sehr genau ermittelt werden, da dieser Bindungstyp nicht sehr stabil ist (Wahl des Ionenenaustäuschers, der *p*H-Werte, Ionenstärken, Substitutionsgrade und Teilchengewichte des Dextrans).

In Vorversuchen hatte sich eine höhere Bindungskapazität des CMD-SO_4 gegenüber dem CMD-Na ergeben. Das Sulfat mußte jedoch wegen seiner ungünstigen Nebenwirkungen für in vivo Versuche ausscheiden [44, 67, 85].

Methodik der Kopplung: In 12 ml destilliertem Wasser wurden 1,2 mg Karboxymethyldextran-Natrium (mittleres Teilchengewicht 59000, Substitutionsgrad 1,5) gelöst und durch den Ionenaustauscher KPS 200 in Ionenform überführt. Das CMD- (*p*H 1,9) kam sofort zu 60 ml synthetischem Oxytozin (*p*H 4,3). Nach Zugabe der Dextrancharge wurde der *p*H-Wert der Lösung mit n/10 NaOH auf *p*H 4,1 eingestellt. Die gelblich opaleszierende Lösung wurde in einen Vakuumkolben gegeben und nach leichtem Schütteln (1 Std. bei 20 °C) lyophilisiert. Für jede Antigeninjektion erfolgte eine erneute Präparation.

Nachweis der Kopplung am chemischen Verhalten des Komplexes

Papierchromatographie

Chromatogrammpapiere: FN 5 und FN 8 (VEB Spezialpapierfabrik Niederschlag; Schleicher und Schüll 2043b mgl); Laufmittel: n-Butanol-Eisessig-Wasser (4:1:5); Laufzeiten: 6:45–16:30 Std.

Entwicklung der Chromatogramme:

1. Gute Ergebnisse hatte die von Reindel und Hoppe [63, 64] vorgeschlagene Modifikation der Reaktion gasförmigen Chlors auf das Chromatogramm. Größere Farbbeständigkeit ergab Ammoniummolybdatbehandlung [12].

2. Ninhydrinreaktion nach Hais und Macek [42] und Stabilisierung nach Kawerau und Wieland [51].

3. Färbung mit Amidoschwarz 10 B hat sich nicht bewährt.

Der Vergleich der Chromatogramme des Hormons mit dem Hormon-Dextran-Komplex und die pharmakologische Auswertung der Eluate ergaben (Abb. 1):

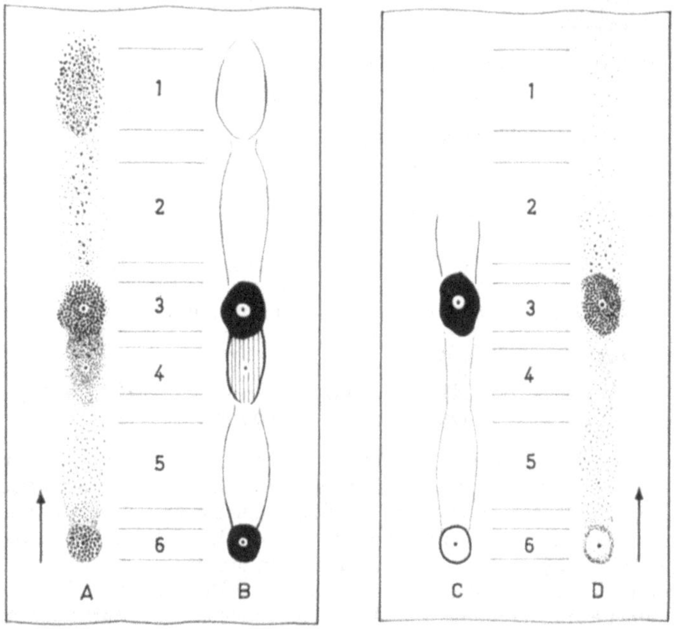

Abb. 1. Halbschematische Darstellung der Chromatogramme des Oxytozin-Karboxymethyldextran-Komplexes (A) und des synthetischen Oxytozins (D). Die Säulen (B) und (C) zeigen die Ergebnisse der Auswertung der eluierten Fraktionen (1—6) im Rattenuterustest.

Es bedeuten: ■ = starke; ▥ = schwache; □ = keine oxytozische Aktivität

1. Oxytozisches Material wanderte sowohl beim freien Oxytozin als auch beim Hormon-Addukt (Fraktionen 3B, 3C). Der R*f*-Wert betrug übereinstimmend $0{,}39 \pm 0{,}02$.

2. Im Chromatogramm des Komplexes war eine intensiv gefärbte und oxytozisch wirksame Fraktion am Auftragsort nachweisbar (6B). Dabei handelt es sich mit großer Wahrscheinlichkeit um den Oxytozin-Dextran-Komplex.

3. Der schnellen Fraktion (R*f* 0,39) folgte beim Addukt eine langsamere, von der ersten nicht deutlich abgrenzbare Fraktion. Sie stellt eine Schweifbildung dar.

Die chromatographischen Befunde beweisen die Stabilität der Bindung zwischen Hormon und Trägerkomponente. Neben dem gekoppelten Komplex war jedoch auch freies Oxytozin nachweisbar. Quantitative Angaben lassen sich aus den Befunden nicht ableiten.

Dialyse

In den Dialyseversuchen sollte geklärt werden, unter welchen Bedingungen der Komplex stabil ist und welchen Einfluß die weitere Behandlung bis zur Applikation auf die Bindungsstabilität des Adduktes ausübt.
Über den Ionenaustauscher KPS 200 kamen zu je 10 ml Oxytozinlösung folgende Dextranchargen: 13000 = 1,00 und 1,50; 59000 = 0,99 und 1,50; 30000 = 1,09 und 1,50; 30000 = 1,80 und (Sulfat).
Die Dextranmenge betrug pro Versuch 40 mg, der Dextranüberschuß 100:1, die *p*H-Werte wurden nach dem Koppeln auf 4,0 und 6,0 eingestellt. In einer weiteren Versuchsanordnung betrug der CMD-Überschuß das 10-, 50-, 100- und 500fache der Hormonkonzentration, die *p*H-Werte waren 2, 4, 4,5 5, 6 und 8. Ferner wurde die Bindungskapazität eines frisch gekoppelten und eines Komplexes nach Gefriertrocknung, Wiederaufnehmen in Wasser und Vermischen mit Freunds Adjuvans über einen Zeitraum von 10 und 23 Tagen verglichen (Aufbewahrung bei 4 °C). Schließlich sollte die Wirkung verschiedener Zusätze zum Komplex (n/10 Essigsäure, Kalziumionen, Ionenaustauscher) Auskunft über das Bindungsverhalten geben.

Die Dialyseversuche ergaben:

1. Die Kopplung erfolgte mit allen geprüften Dextranchargen. Dabei hatten weder der Substitutionsgrad, noch das Molekulargewicht einen meßbaren Einfluß auf die Bindungskapazität. Der Umfang des Dextranüberschusses beeinflußte lediglich die *p*H-Regulierung nach der Kopplung.
2. Die Bindung war nach 10- bis 23tägiger Dialyse gegen destilliertes Wasser stabil (4 °C).
3. Es trat kein meßbarer Verlust an oxytozischer Aktivität auf.
4. Der *p*H-Wert der Kopplung beeinflußte die Bindungsstabilität. Die Kopplung erwies sich bei *p*H 4,0 als besonders geeignet, da die oxytozische Aktivität im Ausgleichswasser die niedrigsten Werte ergab.
5. Der Komplex wird bei Dialyse gegen n/10 Essigsäure, bei Zusatz von Ca^{++} und KPS 200 vollständig gelöst. Das Oxytozin war bereits nach 3 Tagen eleminiert.
6. Der Ionenaustauscher absorbierte einen Teil des Hormons.
7. Lyophilisierung, Lösen in Wasser und Vermischen mit Adjuvans beeinträchtigen nicht die Bindungsstabilität.

Elektrophorese

Existenz und Stabilität des Oxytozin-Dextran-Komplexes konnten unter definierten Bedingungen durch die Ergebnisse der chromatographischen Untersuchungen und der Dialyseversuche bewiesen werden. Der Bindungscharakter war damit noch nicht eindeutig bestimmt, da die Befunde zwar für eine Ionenbindung sprachen, einen kovalenten Bindungstyp jedoch nicht ausschlossen.
Auf einer 6 · 18 cm großen Glasplatte wurde 0,8%iger Reinagar aufgetragen (Phthalatpuffer *p*H 4,4). Trennungsbedingungen: 6,5 V/cm Agarplattenlänge, 0,4–1,0 A/cm Plattenbreite, Trennzeiten 180–200 min. Als Vergleichssubstanzen für den Komplex dienten synthetische Oxytozine (Präparat der Fa. Richter, Budapest; Orasthin, Farbwerke Hoechst). Da das Anfärben der Peptide im Agargel Schwierigkeiten bereitet, wurden die Fraktionen nach Auflegen eines Elektrophoresepapiers auf die Agarplatte und Diffusion der Hormone in das Papier, markiert. Dadurch war es möglich, die günstigsten Trennungsbedingungen zu ermitteln. Die Analyse der Wanderungsgeschwindigkeiten des Komplexes und des freien Hormons konnte exakt durch die systematische Prüfung der ausgeschnittenen Agarstückchen erfolgen. Die Eluation der Fraktionen geschah allein durch Einfrieren und Auftauen der Agarblöckchen.

Die Wanderungsgeschwindigkeiten des freien und des gekoppelten Oxytozins erwiesen sich in der Agargel-Elektrophorese nicht als völlig identisch (Abb. 2). Selbst die Erhöhung der Ionenstärken [52] ergab nur für beide Hormonchargen eine gleichsinnige Änderung der Wanderungsgeschwindigkeit. Das elektrische Feld hat keine vollständige Trennung der Bindung zwischen Hormon und Adduktor bewirkt [92], obwohl die

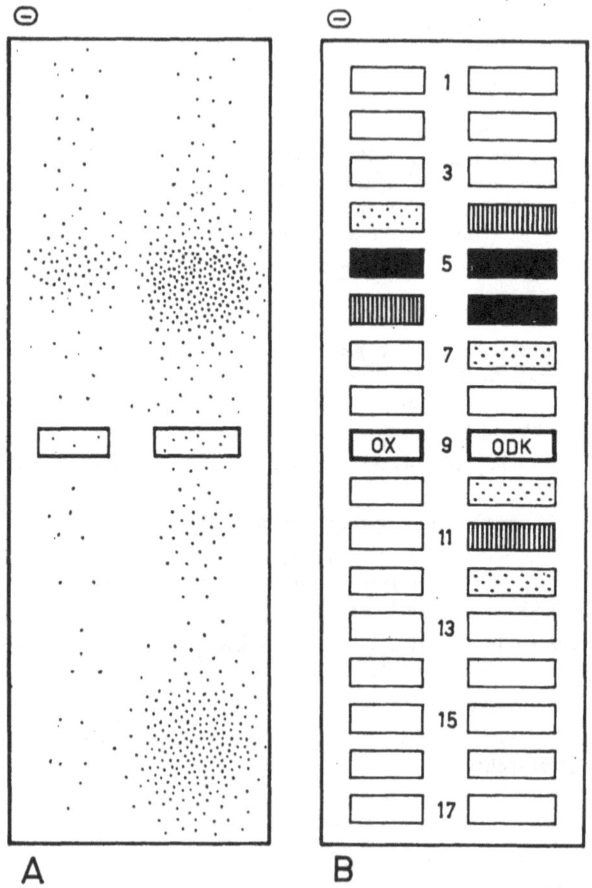

Abb. 2. Ergebnisse der Agargel-Elektrophorese.
A: Ninhydrinfärbung eines Papierstreifens, der nach der Elektrophorese auf das Agargel gelegt wurde (Abklatschmethode); B: Pharmakologische Auswertung der 17 aus der Agarplatte herausgeschnittenen Fraktionen.

Es bedeuten: ■ = starke; ▥ = schwächere; ⬚ = geringe; □ = keine Aktivität; OX = Oxytozin; ODK = Oxytozin-Dextran-Komplex

Potentialdifferenz von 6,5 V/cm Agarplatte zur Überwindung der Coulombschen Kräfte der Ionenbindung hätte ausreichen müssen. Die Bindungsenergie erwies sich jedoch als so groß, daß sie offenbar auch hier, wie bei der natürlichen Bindung zwischen Oxytozin und Neurophysin, durch das Zusammenwirken von Wasserstoffbrückenbindungen, elektrostatischer und hydrophober Beziehungen zwischen NH_3^+-Gruppen des Hormons und COO^--Gruppen des Dextrans entstanden sein dürfte [18].

Papierelektrophoretische Untersuchungen haben sich nicht bewährt, weil die Anfärbung der Elektropherogramme durch Dextran beeinträchtigt wurde. Zudem war die Eluation umständlicher als aus dem Agargel.

Immunologische Untersuchungen

Vorbehandlung des Antigens

Der Oxytozin-Dextran-Komplex konnte nicht unmittelbar nach der Kopplung als applikationsreifes Antigen verwendet werden, da die Reaktionen zu große Flüssigkeitsmengen ergaben. Da Versuche zur Fällung des Komplexes (Äthanol, Methanol, gesättigte NaCl-Lösung, Aluminiumchloridlösung) keine befriedigenden Ergebnisse hatten, wurde die Komplexlösung lyophilisiert. Das Lyophilisat aus 70—110 ml Lösung nahmen wir in 3—4 ml Wasser auf und mischten es bei 3—5 Applikationen (1 bei Kaninchen A, 9 bei Tier M) mit inkompletten FREUNDS Adjuvans (1 Teil Eucerin, 4 Teile Bayol F) im Verhältnis 1:1.

Immunisierung und Antiserumgewinnung

Um eine erfolgreiche Immunisierung auslösen zu können, mußten wenigstens einige Milligramm Hormon appliziert werden, zumal die Antigendosis auch den Verlauf der Antikörperbildung entscheidend beeinflußt [4]. Die Tiere G, M und O erhielten im Abstand von 6—15 Tagen 4 (5,3 mg) und 5 Injektionen (8,0 mg) Oxytozinantigen (= 17 mg/kg Körpergewicht, bezogen auf das reine Oxytozin). Die Immunisierung erfolgte 3mal mit Adjuvans, bei M 9mal. Die Kaninchen B und C wurden innerhalb von 2 Monaten durch 7 Antigeninjektionen (5 mit Adjuvans) und einer booster-Injektion immunisiert (= 24 mg/kg). Das weibliche Kaninchen A erhielt 17 mg/kg im Verlaufe von 4 Applikationen (1mal Adj.). Das Antiserum (2—30 ml) wurde aus den Ohrvenen entnommen (8.—132. Tag nach der 1. Injektion).

Unmittelbar nach der Injektion traten sehr charakteristische Veränderungen des Allgemeinzustandes der Tiere auf. Die Kaninchen atmeten schneller, waren schreckhaft und wirkten aufgeregt. Nach 15—30 min war das Verhalten wieder normal. Bei allen Injektionen unterblieben jedoch Schock-, Tremor- oder andere pathologische Erscheinungen. Die Erregungszustände sind offenbar durch das Oxytozin bedingt [72].

Während der Immunisierung konnte eine Änderung der Beschaffenheit des Blutplasmas beobachtet werden. In der Zeit der 4.—6. Antiserumpunktion war die Viskosität des Blutplasmas stark erhöht. Die Reaktion nahm bei den späteren Blutentnahmen wieder ab. Die Wirkungen sind offenbar auf das Dextran zurückzuführen und stimmen mit den in der Literatur angegebenen Beobachtungen weitgehend überein [29, 40, 41, 54, 73].

Nachweis der Oxytozin-Antikörper

Passive Hämagglutination nach BOYDEN [16].

Ein reproduzierbarer Oxytozinnachweis gelang nach folgenden Änderungen der Routinetechnik: Die Kopplung der relativ konzentrierten Tanninsäurelösung (1: 6000) erfolgte bei 37 °C im Wasserbad (10 min). Die Ergebnisse waren dann gut, wenn nach der Tannierung der Hammel- oder Puten-Erythrozyten fast die Grenze der Spontanagglutination erreicht wurde. Nach dem Auswaschen (4 mal mit Phosphatpuffer, *p*H 7,1) koppelten die Erythrozyten (50 ml 1%ige Suspension) bei 37 °C (10 min) in vorgewärmter gepufferter Lösung das Hormon (80 ml Kochsalzlösung, *p*H 6,4 + 2 ml synthetisches Oxytozin). Die Suspension wurde dreimal mit gepufferter Kochsalzlösung (*p*H 7,1) und das vierte Mal unter Zusatz von 0,75% inaktiviertem und heteroagglutininfreiem Pferd-Normalserum gewaschen. Die Verdünnung der Antiseren und die Suspension der Erythrozyten erfolgte mit gepufferter Kochsalzlösung (*p*H 7,1) unter Verwendung von Pferd-Normalserum (0,75%). Zu den Verdünnungsröhrchen kamen 0,05—0,075 ml der 1%igen Erythrozytensuspension.

Tabelle 1

Antikörperbildung von Kaninchen gegen synthetisches Oxytozin, am Beispiel von männlichen Tieren eines Wurfes, in Abhängigkeit von Antigenmenge und Immunisierungszeit. Antiserumtiter und Stärke der Agglutination (nach Addition aller „+“) der passiven Hämagglutination nach Boyden und nach Stavitzky und Arquilla (O3, G3, M9, G10).

([1]/ = Mittelwerte von je 5 Normalseren; / = Endtiter nicht bestimmt.)

A S	Ag [mg]	Tage n. der 1. Inj.	Tier	Antiserum-Titer 10		40		160		640		2,5		10		40	160	640 000	Stärke der Agglut.
0	0	0	O	+	+	+	±	−	− [1]/										3,5
			G	++	+	+	−		− [1]/										4
			M	+	++	+	+	−	− [1]/										5
1	5,3	8	O																
			G	+	+	±	−	−											2,5
			M	+	+	−	−	−	−										2,5
2	10,6	16	O																
			G	+	++	+	±	−	−										4,5
			M	+	+	++	+	±	−	−									7,5
3	10,6	21	O	+	+	++	++	+	−	−									7
			G	+++	+++	++	++	+	+	±	+	−							13,5
			M	+++	+++	++	+	++	+	−	−	−							12
4	15,9	29	O	−	−	++	++	++	+	+	±	−	−	−					8,5
			G	+	++	+++	++	+	+	+	+	+	+	±	−				14,5
			M	−	++	+++	+++	+++	++	+	±	−	−	−	−				14,5
5	15,9	36	O	−	++	+++	++	++	++	+	+	±	−	−	−				13,5
			G																
			M	+	++	++	++	++	+	+	+	+	+	+	+	/			16
6	21,2	43	O																
			G	++	+++	+++	++	+	+	+	+	+	+	+	±	−			17,5
			M	++	+	+	++	++	++	++	++	++	++	/					18

			O	+	++	+++	+++	++	++	+	+	+	+	+	+	±	–	–	–				19,5
7	29,2	58	G																				
			M	±	++	++	+++	+++	++	+	+	+	+	+	+	+	±	–	–				20
			O	±	++	+++	+++	+++	++	++	++	++	++	+	+	+	+	+	+	+	±	–	29,5
8	45,2	71	G	+	++	+++	+++	+++	++	++	++	++	++	+	+	+	+	±	–	–	–	–	26,5
			M	++	+++	+++	++	++	++	++	+	+	+	+	+	+	+	+	+	–	–	–	25
			O																				
9	53,2	78	G																				
			M	+++	+++	+++	++	++	++	+	+	±	–	–	–	–	–	–					17,5
			O	++	+	+	++	++	++	++	++	+	+	+	±	–	–						17,5
10	61,2	92	G	+++	+++	++	++	++	+	+	+	+	±	–	–	–	–						16,5
			M	+++	+++	++	++	++	+	±	–	–	–	–	–	–	–						13,5
			O																				
11	61,2	132	G	++	+++	+++	++	+	+	+	+	±	–	–									14,5
			M	++	+	+	–	–	–	–	–	–	–	–									4

Passive Hämagglutination nach STAVITSKY und ARQUILLA [77].

Nach der Originalvorschrift konnten keine reproduzierbaren Antikörpertiter ermittelt werden. Folgende Versuchsbedingungen erwiesen sich als brauchbar:
Die Konzentration des bisdiazotierten Benzidins (BDB) betrug nur 1/3 bis 1/4 der Originalwerte. Nach der BDB-Kopplung wurde das überschüssige Benzidin ausgewaschen (Kochsalzlösung, *p*H 6,4) und das Oxytozin an die Hammel- oder Puten-Erythrozyten gekoppelt (2 ml Oxytozinlösung + 40 ml NaCL-Lösung, *p*H 6,4 + 50 ml 1%ige Suspension; 10 min 37 °C). Zum Auswaschen der Erythrozyten, Aufnehmen als 1%ige Suspension und zur Antiserum-Verdünnung diente auf *p*H 6,4 gepufferte Kochsalzlösung mit 0,75% Pferd-Normalserum.

Ergebnisse

5 der Kaninchen, darunter auch das weibliche Tier mit nur 4 Antigeninjektionen, haben sicher Oxytozinantikörper gebildet. Lediglich bei einem adipösen männlichen Kaninchen war trotz hoher Antigendosierung (insgesamt 70,3 mg Oxytozin) nur eine geringe Antikörperbildung nachweisbar. Als Beispiel der Immunisierung gegen Oxytozin ist in Tab. 1 sowie in den Abbildungen 3 und 4 der Verlauf der Antikörperbildung von 3 gleichgroßen Tieren eines Wurfes dargestellt.
Der Vorteil der Tanninsäuretechnik gegenüber dem Benzidintest bestand in der um 1—3 Verdünnungsstufen empfindlicheren Reaktion. Dagegen konnten nach der Benzidinkopplung die Hämagglutinationsbilder besser beurteilt werden, weil nur wenig unspezifische Agglutinationen auftraten.

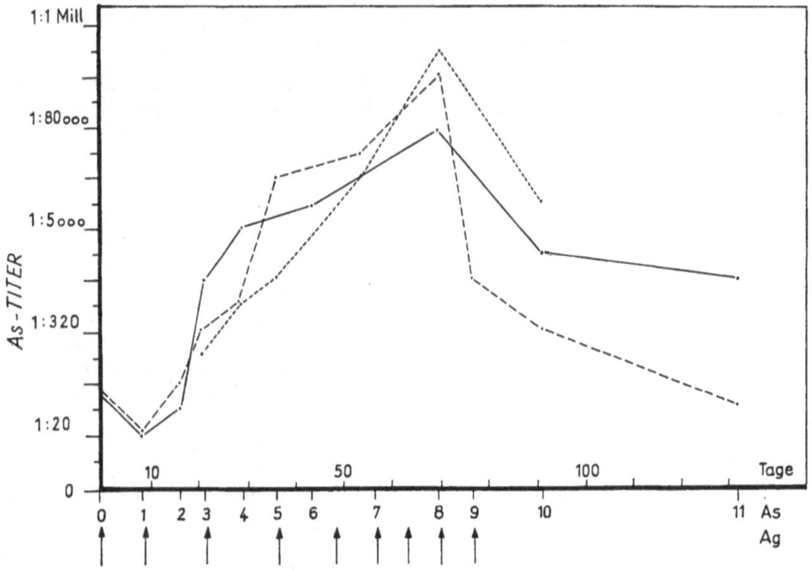

Abb. 3. Verlauf der Antikörperbildung von Kaninchen gegen Oxytozin-Antigen. Antiserumtiter (Ordinate) der passiven Hämagglutination. Auf der Abszisse ist der zeitliche Verlauf der Immunisierung angegeben. Die Pfeile repräsentieren die Zeitpunkte der Antigenapplikationen, die AS 1—11 die Antiserumpunktionen

——: G; ··········: O; - - - -: M

Hämagglutinationshemmungstest

Als Stammkonzentration diente eine Oxytozinlösung, die im Rattenuterustest gerade noch eine Kontraktion bewirkte. Die Stammlösung wurde im Verhältnis 1 : 1, 1 : 20 und 1 : 100 verdünnt. Von diesen Lösungen kamen je 2 Tropfen in jedes 2. Röhrchen der Antiserum- und der Kontrollserum-Verdünnungsreihen. Die tannierten Oxytozin-beladenen Erythrozyten wurden 1 Std. nach Oxytozinzugabe in alle Röhrchen gegeben. Zur Kontrolle diente Kaninchen-Normalserum.

Die Hämagglutination war bei Antigenzusatz gehemmt, d.h. die Antigen-Antikörper-Reaktion erfolgte bereits vor Zugabe der Oxytozin-gekoppelten Erythrozyten. Das ist ein weiterer Beweis für die Existenz von Antikörpern, da die Kontrollen eindeutig negativ waren. Der Aussagewert der Versuche wird durch die mehrfachen Kontrollmöglichkeiten innerhalb einer Verdünnungsreihe erhöht.
Die große Oberflächenaktivität des Oxytozins stellte eine Fehlerquelle dar, die eine Hemmung der Agglutination bei den Verdünnungsstufen 1:1 und 1:20 vortäuschen konnte.

Hemmung der Oxytozinaktivität im pharmakologischen Test

An einem sehr empfindlich reagierendem Rattenuteruspräparat wurde die Grenzkonzentration der pharmakologischen Oxytozinwirkung bestimmt. Zu dieser Hormonlösung kamen Antiseren- und Kaninchen-Normalseren im Verhältnis 1:1 für 16 Std. in den Kühlschrank (4 °C). Im Uterustest wurde mit dem zweiten Uterushorn des gleichen Tieres eine Hemmung der Oxytozinaktivität nachgewiesen. Im Parallelversuch hatte Kaninchen-Normalserum nicht diese Wirkung. Die Hemmung war unterschiedlich groß. Die stärkste Hemmung wurde durch das Antiserum M10 erzielt, danach folgten G10 und O10, während O8, M8 und G8 eine deutlich schwächere Antikörperhemmung auslösten. Diese Reihenfolge entspricht nicht den in der passiven Hämagglutination erzielten Antikörpertitern (Tab. 1, Abb. 3, 4). Hier lag das Maximum gerade bei O8, G8 und M8 und auch die Antiseren O10 und G10 ergaben höhere Titer als M10.

Verlauf der Antikörperbildung

Der Verlauf der Antikörperbildung konnte über einen längeren Zeitraum verfolgt werden. Antikörper waren bereits 16 Tage nach der 1. Antigeninjektion nachweisbar. Der Titeranstieg erfolgte langsam. Das Antikörpermaximum trat bei allen Versuchstieren nach 2 Monaten auf. Danach sank der Immunkörperspiegel wieder ab. Es ist auch eine Grundimmunität vorhanden. Antikörper konnten noch nach 132 Tagen bei Abbruch der Versuche im Serum nachgewiesen werden.
Die Antikörperbildung war abhängig von der Antigendosis. Allerdings reagierte eines der männlichen Kaninchen selbst auf eine hohe Oxytozingesamtdosis (70,3 mg) sehr schwach. Darüber hinaus waren jedoch die individuellen Unterschiede der Antikörperbildung gering.

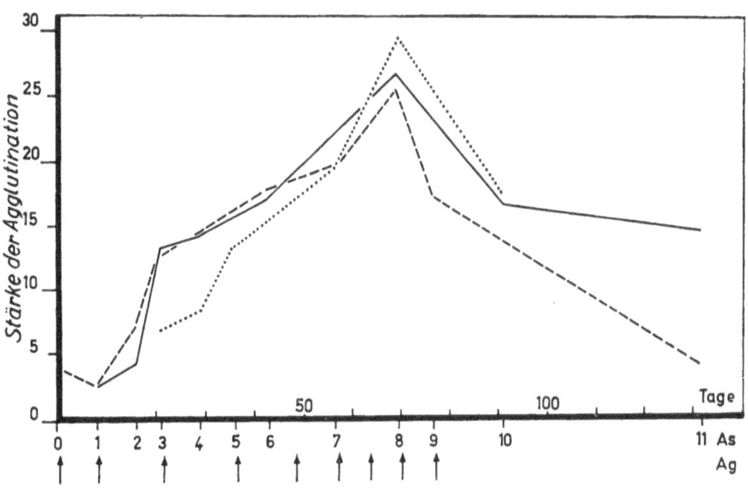

Abb. 4. Immunreaktion von Kaninchen gegen synthetisches Oxytozin, am Beispiel von 3 männlichen Kaninchen eines Wurfes. Auf der Abszisse sind die Antigenapplikationen (Pfeile) und die Antiserumpunktionen (1 bis 11) markiert. Die Originalwerte der Agglutinationen sind in Tab. 1 angegeben. Kurvendarstellung wie in Abb. 3. Stärke der Agglutination = Addition aller „+“

Umfang der Antikörperproduktion

Da die Empfindlichkeiten der Antikörpernachweise bekannt sind [60, 65], kann die Menge der gebildeten Antikörper ermittelt werden. Der Berechnung wird eine durchschnittliche Lebensdauer der Kaninchen-Antikörper von 13 Tagen [19], eine Empfindlichkeit des Boyden-Tests von 0,005 μg Antikörper-Stickstoff und ein Antiserumtiter von 1 : 5000 zu Grunde gelegt. Für die Zeit von 58 Tagen (angegebener Titer vom 35.—93. Tag) ergibt sich eine Antikörperproduktion von 82 mg Oxytozin-Antikörpereiweiß je Tier.

Diskussion

Der Oxytozin-Karboxymethyldextran-Komplex

Mit den vorliegenden Untersuchungen eines „künstlichen" Oxytozinkomplexes ist die Möglichkeit gegeben, in der Neurophysinforschung mit Modelluntersuchungen zu arbeiten. Die Vorteile derartiger Parallelversuche zum Neurosekret liegen vor allem darin, daß Dextrane als Trägerkomponenten jederzeit zur Verfügung stehen und lange haltbar sind. Es können Vergleichsuntersuchungen über einen längeren Zeitraum hinweg unter definierten konstanten Bedingungen erfolgen. Demgegenüber ist die Aufbereitung größerer Chargen nativen Neurophysins schwierig. Da das Dextran in mehreren Teilchengewichten, Substitutionsgraden und Salzformen vorliegt und bei Untersuchungen gegenüber *p*H-Veränderungen und Temperatureinwirkungen wesentlich unempfindlicher ist als das Neurophysin, wird das Spektrum der Untersuchungsmöglichkeiten noch beträchtlich erweitert.

Die Untersuchungsergebnisse beweisen die Kopplung synthetischen Oxytozins an Karboxymethyldextran. Die Stabilität der Bindung konnte in der Papierchromatographie und durch eine lang anhaltende Dialysestabilität gegenüber destilliertem Wasser nachgewiesen werden. Die Wirkung von Kalziumionen, verdünnter Essigsäure und die Zugabe des Ionenaustauschers zur Komplexlösung, sowie die elektrophoretischen Untersuchungsergebnisse bestätigen die Existenz von Ionenbeziehungen zwischen Oxytozin und Dextran. Offenbar ist jedoch die Bindungsenergie zusätzlich durch hydrophobe Beziehungen zwischen Aminogruppen des Oxytozins und Karboxylgruppen des Dextrans erhöht, wie es für das Neurosekret festgestellt werden konnte [18]. Zwischen Oxytozinen und dem Trägerprotein ist ebenfalls eine elektrostatische Bindung gegeben [18, 30, 35]. Dem entspricht auch das gleichsinnige Verhalten beider Komplexe unter folgenden Bedingungen:

1. Die Bindungen sind gegenüber destilliertem Wasser stabil [1], sie werden aber durch Behandlung mit verdünnten Säuren gelöst [30, 35, 47, 50, 58].

2. Die Anwendung von Gleichstrom führt zur Überwindung der Coulombeschen Kräfte der Ionenbindung [43, 45].

3. Der natürliche und künstliche Komplex wird durch Ionenaustauscher gelöst [2, 36, 61, 75].

4. Das Hormon kann sowohl aus dem Oxytozin-Dextran-Komplex, als auch aus dem Neurosekret gefällt werden [35, 59].

Die Untersuchungen lieferten Angaben über die Voraussetzungen der Kalziumwirkung auf die Stabilität der Komplexbindung. Die Freisetzung des Oxytozins aus dem Komplex gelingt bei verschiedenen Ionenkonzentrationen. Sie ist auch beim Neurosekret gegeben [22, 23, 24, 38, 86]. Ein Einfluß des *p*H-Wertes konnte beim Oxytozin-Dextran-Komplex nicht in diesem Maße festgestellt werden [37].
Unterschiede im chemischen Verhalten beider Komplexe sind in der *p*H-Abhängigkeit der Bindungsstabilität vorhanden. Oxytozin und Neurophysin befinden sich bei *p*H 5,5 optimal in geladenem Zustand [35]. Das bewirkt eine maximale Bindung bei dieser Wasserstoffionenkonzentration, aber auch eine vollständige Trennung im elektrischen Feld. Die Bindungskapazität nimmt mit steigenden und fallenden *p*H-Werten ab und geht in den Bereichen *p*H < 3 und > 7 verloren. Diese strenge *p*H-Abhängigkeit war beim Dextran-Komplex nicht vorhanden. Selbst bei *p*H-Werten von 2,0 und 8,0 war noch ein Teil des Oxytozins an das CMD gebunden. Die Adduktion ist auch gegenüber *p*H-Änderungen weniger anfällig. Daraus ergeben sich für Tierexperimente Vorteile. Man darf nach den Ergebnissen der in vitro Versuche annehmen, daß der Oxytozin-Karboxymethyldextran-Komplex auch in vivo nicht sofort nach der Injektion durch die Reaktion des Blutes (*p*H 7,4) gelöst wird.

Die immunologischen Untersuchungsergebnisse

Die Versuche haben die Möglichkeit der Antikörperbildung gegen synthetisches Isoleuzin^3-Leuzin^8-Oxytozin bewiesen. Es wurden hochtitrige Antiseren gewonnen, der Antikörpernachweis ist reproduzierbar. Damit sind wesentliche Voraussetzungen für einen immunhistologischen Oxytozinnachweis erfüllt.
Die Untersuchungsergebnisse wurden entscheidend durch das Karboxymethyldextran als Trägerkomponente beeinflußt. Gegenüber ungebundenem Oxytozin [34] hat das CMD offensichtlich zu einer Steigerung der Hormonantigenität beigetragen, indem es einer raschen Antigenausscheidung entgegenwirkt. Das ist möglich, weil Dextrane längere Zeit im Blut zirkulieren und in verschiedenen Organen, darunter dem retikuloendothelialen System, gespeichert werden [32, 39, 55, 56, 57, 74].
Der Oxytozin-Dextran-Komplex stellt im Gegensatz zu den bislang verwendeten Oxytozin-Protein-Komplexen [48, 62] keine kovalente Bindung dar. Vielmehr liegt eine Ionenbindung vor. Obwohl Dextrane auch antigen wirken [10, 31, 70, 87, 90], hat vermutlich die Existenz dieser elektrostatischen Beziehungen, im Gegensatz zu kovalent gebundenen Hormon-Pro-

tein-Konjugaten, die Bildung von Mischantikörpern verhindert. Die Antigenität konnte nach der erfolgreichen Synthese antigen wirkender Poly-alpha-Aminosäuren erwartet werden. Beim Oxytozinmolekül sind durch seine Ringstruktur und die Möglichkeiten des enzymatischen Abbaus weitere Voraussetzungen für eine Antigenität vorhanden.

Es ist für weitere immunologische Untersuchungen mit Oxytozinen wesentlich, inwieweit die Hormonantikörper streng spezifisch mit den Antigenen reagieren. Bei synthetischen Polypeptiden treten zuweilen determinante Gruppen von sehr enger serologischer Spezifität auf. Dem entspricht die Beobachtung von relativ spezifischen Hemmungen der Oxytozin-Antikörper durch das Hormon [34]. Beim Lysinvasopressin-Albumin-Komplex [62] betrug die Immunkörperhemmung durch Arginin-Vasopressin 1:1,4, bei Phenylalanin-2-Lysin-Vasopressin 1:3,3 und beim Oxytozin noch 1:4000. In den eigenen Untersuchungen fehlen entsprechende Vergleiche. Es wurde lediglich durch die Hämagglutinationshemmung und die Hemmung der pharmakologischen Oxytozinwirkung durch die Antikörper bewiesen, daß die Immunkörper sowohl mit den immunologisch, als auch den biologisch wirksamen Gruppen des Oxytozinmoleküls reagierten. Nach den Erfahrungen, die bisher über Oxytozin-Antikörper vorliegen, muß bei dieser relativ einheitlichen Struktur der Oktapeptide mit Verwandtschaftsreaktionen gerechnet werden, wie sie von anderen Hormonen (Insulin, Thyrotropin, Somatotropin usw.) bekannt sind. Diese immunologischen Kreuzreaktionen sind jedoch noch so empfindlich, daß z.B. bei den Gonadotropinen bereits 20% der für den biologischen Test erforderlichen Hormonmenge für die immunologische Prüfung ausreichen [17]. Vielleicht gelingt es bei den Oxytozinen in gleicher Weise wie bei den Gonadotropinen, aus der immunologischen Aktivität unter Berücksichtigung des Verdünnungsfaktors auf die biologische Aktivität zu schließen.

Über den Verlauf der Antikörperbildung und den Umfang der Immunisierung gegen Oxytozine liegen keine Vergleichsmöglichkeiten vor. Die Untersuchungsergebnisse vermitteln den Eindruck, daß die Antikörperbildung noch nicht unter optimalen Bedingungen erfolgte. Dafür sprechen die verlängerte Latenzzeit und die lange Immunisierungszeit bis zum Erreichen des Antikörpertitermaximums. Die nachfolgende Abnahme der Titer ist nach den Untersuchungsergebnissen im pharmakologischen Test durch die Bildung eines 2. Antikörpertypes [88] bedingt, dessen Produktion durch die Applikation von Freunds Adjuvans [13] verstärkt wurde (Tier M, Abb. 3,4). Eine Reaktion nach Art der Immunparalyse [25—28] ist nach den Untersuchungsbefunden nicht gegeben. Der Titerverlauf weist darauf hin, daß die Immunisierung nicht vollkommen dem Säugertypus der Immunität entspricht (Abb. 5), sondern vielmehr an den Kaltblütertypus erinnert [6—9, 71]. Die Versuchsergebnisse stimmen mit den Erfahrungen mit schwachen Antigenen oder unter ungünstigen Untersuchungsbedingungen überein. Oxytozine stellen schwache Antigene dar [34, 48, 62, 66]. Nach Kopplung

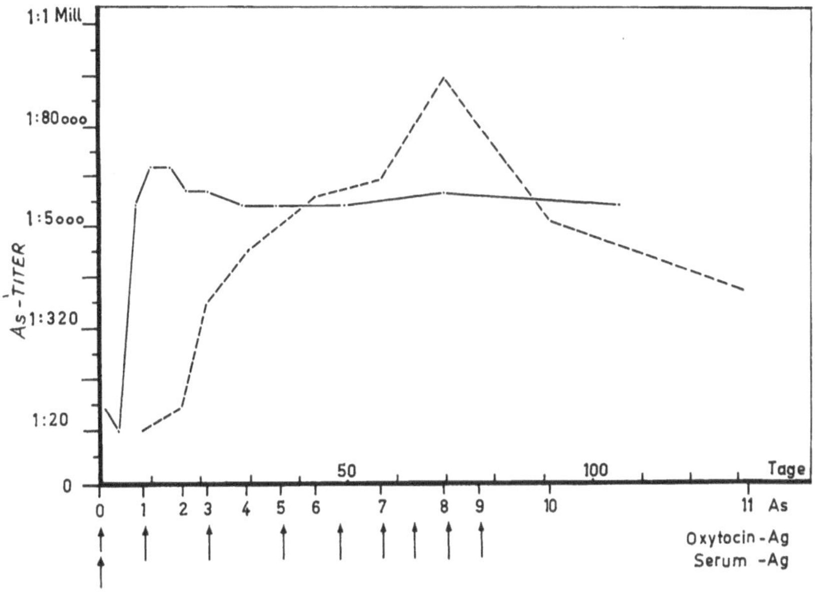

Abb. 5. Vergleich der Antikörperbildung von Kaninchen gegen (- - - -) Oxytozin (9 Injektionen von insgesamt 61 mg Hormon/Tier, 3 Inj. mit Adjuvans) und (———) Serumprotein (1 Injektion von 140 mg, ohne Adjuvans). Die Kurven stellen Mittelwerte von 2 (Hormon) und 4 (Fremdprotein; [53, 91]) Kaninchen dar

von Oxytozin an Karboxymethyldextran lassen sich aber offensichtlich hohe Antikörpertiter, eine beträchtliche Agglutionationsstärke und die Bildung beachtlicher Mengen von Immunglobulinen erzielen. Zweifellos ist aber eine weitere Optimierung der immunologischen Reaktionen gegen das Isoleuzin^3-Leuzin^8-Oxytozin noch möglich [5].

Literatur

[1] ACHER, R., J. CHAUVEZ u. G. OLIVRY: Existence of a single posterior hypophysis. I. Relation between oxytocin, vasopressin and van DYKES protein from ox posterior hypophysis. Biochim. biophys. Acta **22**, 421–427 (1956).

[2] ACHER, R., A. LIGHT u. V. DU VIGNEAUD: Purification of oxytocin and vasopressin by way of a protein complex. J. biol. Chem. **233**, 116–120 (1958).

[3] AGASHI, Y. u. J. F. DINGMAN: Specific titration of oxytoxin by catalytic deiodination. Biochem. biophys. Res. Commun. **18**, 92–97 (1965).

[4] ALBRIGHT, J. F. u. T. W. EVANS: Influence of antigen dosage on kinetics of hemagglutinating antibody production. J. Immun. **95**, 368–377 (1965).

[5] AMBROSIUS, H.: The choice of experimental animals for the production of antisera. Fed. Europ. Biochem. Soc., 2nd meeting, Wien 1965. Abstr., b 29.

[6] AMBROSIUS, H.: Beiträge zur Immunbiologie poikilothermer Wirbeltiere. IV. Weitere immunologische und immunochemische Untersuchungen an Schildkröten. Z. Immun.-Allergieforsch. **130**, 41–53 (1966).

[7] AMBROSIUS, H.: Untersuchungen zur Phylogenie der Immunglobuline. Zool. Anz. **30**. Suppl., 279–285 (1967).

[8] AMBROSIUS, H. u. W. SCHÄKER: Beiträge zur Immunbiologie poikilothermer Wirbeltiere. I. Immunologische Untersuchungen an Karpfen (Cyprinus carpio L.). Zool. Jb., allg. Zool. Physiol. Tiere **71**, 73—88 (1964).

[9] AMBROSIUS, H. u. R. LEHMANN: III. Der Einfluß von Adjuvantien auf die Antikörperproduktion von Knochenfischen (Teleostei). Acta biol. med. germ. **14**, 830—844 (1965).

[10] ANDERSON, R, u. E. HARDENBERGH: Anaphylactoid reaction of the mouse to dextran. Proc. Soc. exp. Biol. Med. **117**, 565—567 (1964).

[11] BACKHAUSZ, R.: Immunodiffusion und Immunelektrophorese. VEB Gustav Fischer Verlag, Jena 1967.

[12] BARROLIER, J.: Eine Methode zur Stabilisierung der Färbung von Aminosäuren und Peptiden mit Chlor und o-Tolidin auf Chromatogrammen und Pherogrammen. Naturwissenschaften **48**, 554 (1961).

[13] BARTH, W. F., C. L. MCLAUGHLIN u. J. L. FAHAY: The immunoglobulins of mice. VI. Response to immunization. J. Immun. **95**, 781—790 (1965).

[14] BERGLUND, G.: Preparation of antiserum to an antigen of low molecular weight. Nature, Lond. **206**, 523—524 (1965).

[15] BISSET, G. W., J. HALDAR u. J. E. LEWIN: Action of oxytocin and other biologically active peptides on the rat uterus. Mem. Soc. Endocr. **14**, 185—197 (1966).

[16] BOYDEN, S. V.: The adsorption of proteins on erythrocytes treated with tannic acid and subsequent hemagglutination by antiprotein sera. J. exp. Med. **93**, 107 bis 120 (1951).

[17] BRECKWOLDT, M. u. G. BETTENDORF: Gonadotropin-Bestimmung bei der Ovarial-Insuffizienz mit Hilfe von Antikörpern gegen Choriongonadotropin. Endokrinologie **50**, 162—167 (1966).

[18] BRESLOW, E. u. L. ABRASH: The binding of oxytocin and oxytocin analogues by purified bovine neurophysins. Proc. natn. Acad. Sci. U.S.A. **56**, 640—646 (1966).

[19] COHEN, G. L. u. M. MANNIK: Catabolism of γ-G-Globulin with reduced interchain disulfide bonds in rabbits. J. Immun. **96**, 683—690 (1966).

[20] COON, J. M.: A new method for the assay of posterior pituitary extracts. Archs int. Pharmacodyn. Thér. **62**, 79—99 (1939).

[21] DEPTULA, S.: Evaluation of oxytocin determination methods. Acta Pol. pharm. **23**, 51—54 (1966).

[22] DICKER, S. E.: Release of vasopressin and oxytocin from isolated pituitary glands of adult and newborn rats. J. Physiol., Lond. **185**, 429—444 (1966).

[23] DOUGLAS, W. W. u. A. M. POISNER: Stimulus-secretion coupling in a neurosecretory organ: the role of calcium in the release of vasopressin from the neurohypophysis. J. Physiol., Lond. **172**, 1—18 (1964).

[24] DOUGLAS, W. W. u. A. M. POISNER: Calcium movement in the neurohypophysis of the rat and its relation to the release of vasopressin. J. Physiol., Lond. **172**, 19—30 (1964).

[25] DRESSER, D. W.: Specific inhibition of antibody production I. Proteinoverlading paralysis. II. Paralysis induced in adult mice by small quantities of protein antigen. Immunology **5**, 378—388 (1962).

[26] DRESSER, D. W.: III. Apparent changes in the half-life of bovine gamma globulin in paralyzed mice. Immunology **6**, 345—355 (1963).

[27] DRESSER, D. W.: IV. Standardization of antigen-elemination test; immunological paralysis of mice previously immunized. Immunology **9**, 261—273 (1965).

[28] DRESSER, D. W. u. G. GOWLAND: Immunological paralysis induced in adult rabbit by small amounts of a protein antigen. Nature, Lond. **203**, 733—736 (1964).

[29] ELIASSON, R. u. U. SAMELIUS-BROBERG: The effect of dextran and some other colloids on the suspension stability of blood from different species. Acta physiol. scand. **64**, 245 (1965).

[30] FRANKLAND, B. T. B., M. D. HOLLENBERG, D. B. HOPE u. B. A. SCHACTER: Dissociation of (human) oxytocin and vasopressin from their carrier protein by chromatography on Sephadex G-25. Br. J. Pharmac. Chemother. **26**, 502—510 (1966).
[31] GELZER, J. u. E. A. KABAT: Specific fractionation of human antidextran antibodies. II. Assay of human antidextran serums and specifically fractionated purified antibodies by microcomplement fixation and complement fixation inhibiting technique. J. exp. Med. **119**, 983—995 (1964).
[32] GENSICKE, F., C. RÜCKARDT u. E. PERLICK: Die Mikroverteilung von Radioschwefel nach intravenöser Injektion von 35-S-markierten Dextran- und Karboxymethyldextransulfaten bei Kaninchen. Acta biol. med. germ. **14**, 409—416 (1965).
[33] GESSNER, H., G. STERBA, D. BIESOLD u. H. MÜLLER: Verteilung oxytocinhaltiger Partikel in den subcellulären Fraktionen der Neurohypophyse des Rindes. Biol. Zbl. **84**, 205—232 (1965).
[34] GILLILAND, P. F. u. T. E. PROUT: Immunologic studies of octapeptides. II. Production and detection of antibodies to oxytocin. Metabolism **14**, 918—923 (1965).
[35] GINSBURG, M. u. M. IRELAND: Bindung of vasopressin and oxytocin to protein in extracts of bovine and rabbit neurohypophysis. J. Endocr. **30**, 131—145 (1964).
[36] GINSBURG, M. u. M. IRELAND: Preparation of bovine neurophysin and the estimation of its maximum capacity to bind oxytocin and arginine vasopressin. J. Endocr. **32**, 187—198 (1965).
[37] GINSBURG, M. u. M. IRELAND: Role of neurophysin in transport and release of neurohypophyseal hormones. J. Endocr. **35**, 289—298 (1966).
[38] GINSBURG, M., K. JAYASENA u. P. J. THOMAS: Preparation and properties of porcine neurophysin and the influence of calcium on the hormon-neurophysin-complex. J. Physiol., Lond. **194**, 387—401 (1966).
[39] GÖLTNER, E., H. ZITZMANN u. C. FUCHS: Die Kreislauf-, Blut- und Diurese-Verhältnisse nach Dextraninfusionen. Medsche Welt, Stuttg., **1965**. S. 594—599.
[40] GRAEFF, H. u. W. KUHN: Beeinflussung der Vorphase der Gerinnung durch Dextran 150. II. Mitteilung. In vivo-Studien am Kaninchen. Klin. Wschr. **44**, 646—650 (1966).
[41] GROTH, C. G. u. G. THORSEN: Effect of Rheomacrodex and Macrodex on factors governing the flow properties of human blood. Acta chir. scand. **130**, 507—520 (1965).
[42] HAIS, I. M. u. K. MAČEK: Handbuch der Papierchromatographie. Bd. I: Grundlagen und Technik. VEB Gustav Fischer Verlag, Jena 1958.
[43] HASELBACH, C. H. u. A. R. PIGUET: Nature and purification of oxytocin pituitary hormones. Helv. chim. Acta **35**, 2131—2135 (1952).
[44] HATTORI, K.: Influence of dextran sulfate on myocardial metabolism. Jap. Circul. J. **30**, 405—433 (1966).
[45] HAUSMANN, R.: Papierchromatographische und papierionophoretische Untersuchungen zur Freilegung und Trennung der Hypophysen-Hinterlappen-Hormone Oxytocin und Vasopressin. Arch. Pharm., Berl. **289**, 15—24 (1956).
[46] HAYASHIDA, T.: Immunological reaction of pituitary hormones. In: The pituitary gland. Vol. 2: Anterior pituitary. G. W. HARRIS u. B. T. DONOVAN (Ed.) Butterworth, London 1966, S. 613—662.
[47] HELLER, H. u. K. LEDERIS: Paper chromatography of small amounts of vasopressins and oxytocins. Nature, Lond. **182**, 1231—1232 (1958).
[48] HOLLÄNDER, L. P. u. B. BERDE: An attempt to produce antibodies to oxytocin and vasopressin. Experientia **22**, 325—329 (1966).
[49] HOLTON, P.: A modification of the method of Dale and Laidlaw for standardization of posterior pituitary extract. Br. J. Pharmac. Chemother. **3**, 328—334 (1948).

[50] Hope, D. P., B. A. Schacter u. B. T. B. Frankland: Dissociation of oxytocin, vasopressin. and neurophysin by gel filtration. Biochem. J. **93**, 7 P (1964).

[51] Kawerau, E. u. T. Wieland: Conservation of aminoacid chromatograms. Nature, Lond. **168**, 77–78 (1951).

[52] Kennon, L. u. T. Higuchi: Interaction studies of cationic drugs with anionic polyelectrolytes. I. Sodium carboxymethylcellulose. J. Am. pharm. Ass. **45**, 157–160 (1955).

[53] Krah, G.: Experimentelle Untersuchungen zur Antikörperbildung von Kaninchen. Unveröffentlichte Versuche, Zoologisches Institut Leipzig, 1964.

[54] Kuhn, W. u. H. Graeff: Beeinflussung der Vorphase der Gerinnung durch Dextran 150 in vitro. Klin. Wschr. **43**, 1281–1282 (1965).

[55] Lami, G.: Plasma dextran level after intravenous or intraperitoneal administration of intradex. Acta vet. hung. **15**, 301–306 (1965).

[56] Lami, G.: Die Wirkung des in unterschiedlichen Mengen, wiederholt und auf verschiedene Weise eingespritzten Intradex auf die Dextranspeicherung. I. Untersuchung der Speicherung mit einer chemischen Methode. Acta vet. hung. **15**, 177–185 (1965).

[57] Lami, G. u. A. Kardevan: Die Wirkung des in unterschiedlichen Mengen wiederholt und auf verschiedene Weise eingespritzten Intradex auf die Dextranspeicherung. Acta vet. hung. **15**, 187–196 (1965).

[58] Lindner, E. B., A. Elmquist u. J. Porath: Gel filtration as a method for purification of protein bound peptides exemplified by oxytocin and vasopressin. Nature, Lond. **184**, 1565–1566 (1959).

[59] Livermore, A. A. u. V. Du Vigneaud: Preparation of high potency oxytocin material by the use of countercurrent distribution. J. biol. Chem. **180**, 365–373 (1949).

[60] Marrack, J. R.: Sensitivity and specifity of methods of detecting antibodies. Br. med. Bull. **19**, 178 (1963).

[61] Munsick, R. A.: Chromatographic and pharmacologic characterization of the neurohypophyseal hormones of an amphibian and a reptile. Endocrinology **78**, 591–599 (1966).

[62] Permutt, A. M., Ch. W. Parker u. R. D. Utiger: Immunochemical studies with Lysine Vasopressin. Endocrinology **78**, 809–814 (1966).

[63] Reindel, F. u. W. Hoppe: Über eine neue Färbemethode zum Nachweis von Aminosäuren, Peptiden und Eiweißkörpern auf Papierchromatogrammen und Elektropherogrammen. Naturwissenschaften **40**, 221 (1953).

[64] Reindel, F. u. W. Hoppe: Über eine Färbemethode zum Anfärben von Aminosäuren, Peptiden und Proteinen auf Papierchromatogrammen und Papierelektropherogrammen. Chem. Ber. **87**, 1103–1107 (1954).

[65] Roberts, A. N. u. F. Haurowitz: Quantitative studies on the bisdiazotized benzidine method of hemagglutination. J. Immun. **89**, 348–357 (1962).

[66] Roth, J., M. Glick, L. A. Klein u. M. J. Petersen: Specific antibody to vasopressin in man. J. clin. Endocr. Metab. **26**, 675–679 (1966).

[67] Rückardt, Ch. u. E. Perlick: Pathologisch-anatomische Befunde nach Verabreichung von Dextransulfat und Carboxymethyldextransulfaten im Tierexperiment. Acta biol. med. germ. **10**, 126–146 (1963).

[68] Rudinger, J. u. K. Jost: A biologically active analog of oxytocin not containing a disulfid group. Experientia **20**, 570– 571 (1964).

[69] Ryden, G. u. J. Sjöholm: Assay of oxytocin by rat mammary gland in vitro. Br. J. Pharmac. Chemother. **19**, 136–141 (1962).

[70] Salvaggio, J. E., H. Kayman u. S. Leskowitz: Immunologic response of atopic and normal individuals to aerosolized dextran. J. Allergy **38**, 31–40 (1966).

[71] Schäker, W.: Immunologische Untersuchungen an Karpfen (Cyprinus carpio L.) Diplomarbeit, Zoologisches Institut Leipzig, 1962.

[72] Schäker, W., F. Klingberg, G. Sterba u. L. Pickenhain: Der Einfluß von Oxytocin auf zentralnervöse Funktionen bei der Ratte im chronischen Experiment Pflügers Arch. ges. Physiol. **288**, 322–331 (1966).

[73] Seaman, G. V., F. W. Hissen, L. Lino u. R. L. Swank: Physicochemical changes in blood arising from dextran infusions. Clin. Sci. **29**, 293–304 (1965).

[74] Silvay, J., M. Schnorrer, T. Licko, E. Sujansky, J. Horecky, O. Silvayova, u. M. Simkovikova: Use of five percent aqueous glucose solution and dextran in extracorporeal circulation. Bratisl. lék. Listy **46**, 349–360 (1966).

[75] Sisman, T. u. G. Enache: Separation of the posterior lobe hypophyseal hormones (oxytocin and vasopressin). Revtă Chim. **16**, 519 (1965).

[76] Sjöholm, I. u. G. Rydén: Improved method for quantitative estimation of oxytocin. Nature, Lond. **193**, 77–78 (1962).

[77] Stavitsky, A. B. u. E. Arquilla: Micromethods for the study of proteins and antibodies. III. Procedure and applications of hemagglutination inhibiting reactions with bis-diazotized benzidine and protein-conjugated red blood cells. J. Immun. **74**, 306–312 (1955).

[78] Sterba, G.: Neurosekretion im Zwischenhirn der Wirbeltiere. Forschn Fortschr. **37**, 70–76 (1963).

[79] Sterba, G.: Zur cerebrospinalen Neurokrinie der Wirbeltiere. Zool. Anz., **29**, Suppl., 393–440 (1966).

[80] Sterba, G.: Neurosekretion und Hydrenzephalokrinie der Wirbeltiere. Biol. Rdsch. **5**, 57–71 (1967).

[81] Sterba, G. u. J. Kormann: Der Einfluß von Oxytocinen auf das ständige Hirnpotential von narkotisierten Fröschen. Pflügers Arch. ges. Physiol. **287**, 345–350 (1966).

[82] Sterba, G. u. J. Weiss: Beiträge zur Hydrencephalokrinie: I. Hypothalamische Hydrencephalokrinie der Bachforelle (Salmo trutta fario) J. Hirnforsch. **9**, 359 bis 371 (1967).

[83] Sterba, G. u. J. Weiss: Beiträge zur Hydrencephalokrinie: II. Saisonale und altersbedingte Veränderungen der hypothalamischen Hydrencephalokrinie bei der Bachforelle (Salmo trutta fario). J. Hirnforsch. (im Druck).

[84] Stouffer, J. E., D. B. Hope u. V. Du Vigneaud: Neurophysin, Oxytocin and Deaminooxytocin. In: Perspectives in Biology. C. F. Cori, V. G. Foglia, L. F. Leloir u. S. Ochoa (Hrsg.) Elsevier, Amsterdam 1963, S. 75–80.

[85] Styk, B. u. D. Kociskova: In vitro and in vivo effect of dextran sulfates, heparin, and Pelentan on guinea pig complement, antibody cofactor and nonspecific viral inhibitors. J. Hyg. Epidem. Microbiol. Immun. **8**, 485 (1964).

[86] Thorn, N. A.: Role of calcium in the release of vasopressin and oxytocin from posterior pituitary protein. Acta endocr., Copenh. **50**, 357–364 (1965).

[87] Torti, M., E. A. Kabat u. H. Weigel: Immunochemical studies on dextran. IV. Further characterization on the determinant groups on various dextran involved in their reaction with the homologous human antidextran. J. Immun. **96**, 797 bis 805 (1966).

[88] Uhr, J. W.: The heterogenity of the immune response. Science, N.Y. **145**, 457 bis 464 (1964).

[89] Van Dongen, C. G. u. R. L. Hays: A sensitive in vitro assay for oxytocin. Endocrinology **78**, 1–5 (1966).

[90] Walton, R. P., A. L. Hauck u. E. H. Herman: Structural specifity of dextran in producing anaphylactoid reaction in rat. Proc. Soc. exp. Biol. Med. **121**, 272 bis 274 (1966).

[91] Weicholdt, H.-J.: Über Antikörperbildung bei Kaninchen (Lepus domesticus L.) Unveröffentlichte Versuche, Zoologische Institut Leipzig, 1964.

[92] Wellner, K.-P.: Das Trägerprotein der Oxytocine. Inauguraldissertation, Leipzig 1966.

[93] Wieme, R. J.: Agargel Electrophorese. Elsevier Publ., Amsterdam, London, N.Y. 1965.

[94] Wolstenholme, G. E. W. u. M. P. Cameron (Hrsg.): Immunoassay of hormones. Ciba foundation colloquia on endocrinology. Churchill, London 1962.

Summary

W. Schaeker: Studies on a oxytocin-carboxymethyldextran complex and the immunological evidence of isoleucin^3-leucin^8 oxytocin after immunization with hormone-dextran complex

Oxytocin has been bound to carboxymethyldextran (molecular weigth 59000). We have demonstrated that this adduct is an analogous complex to hormone-neurophysin complex. 5 male and 1 female rabbits were immunized with hormone-dextran complex (17—24 mg oxytocin/kg body weigth), usually applied with incomplete Freunds adjuvans. Each of the rabbits produced antibodies against oxytocin (about 80 mg hormoneantibody globulin/rabbit). The estimation and evidence was carried out using the modified method of indirect hemagglutination according to Boyden and to Stavitsky and Arquilla, and also by inhibition of hemagglutination and by pharmacological determination. The antibody production started to develop after a period of 16 days. The titers reached its maximum (1 : 640000) after a period of 2 months. The antibodies reacted not only with determinant groups, but also with the biologically active groups of the oxytocin molecule.

Резюме

В. Шекер: Исследования одного окситоцин-карбоксиметил-декстран-комплекса и иммунологического выявления изолейцин^3-лейцин^8-окситоцина после иммунизации комплексом гормон-декстрана

Окситоцин был присоединен к карбоксиметилдекстрани (молекулярный вес 59000). Комплекс представляет собой искусственный аналог нейросекрета (комплекс окситоцин-нейрофузина). Против комплекса были иммунизированы 5 кроликов-самцев и 1 самка (общая доза 17—24 мг окситоцина/кг веса тела). Все опытные животные образовали антитела против окситоцина. Смешанные антитела не появились. Первые антитела были обнаружены через 16 дней после 1-ой инъекции, а максимум титра (до 1:640000) спустя два месяца. После этого титр понизился. Каждое животное образовало около 80 мг окситоцина-белка антитела. Антитела реагировали не только с иммунологически действенными, но и с биологически активными группами молекулы окситоцина.

Acta biol. med. germ., Band 20, Seite 223–232 (1968)

Aus dem Institut für Pathologische Physiologie
der Friedrich-Schiller-Universität, Jena
(Direktor: Prof. Dr. E. GOETZE)

Die Entwicklung der primären Hämagglutinin-Bildung bei wachsenden Ratten

K. MALBERG und B. SCHLAG

(Eingegangen am 6. 8. 1967)[1]

Zusammenfassung

Wistar-Ratten wurden im Alter von 5, 10, 15, 20 und 30 Tagen mit verschieden großen Schafserythrozytendosen i.p. oder i.v. primär immunisiert. In ihren Seren wurde die Kinetik der Bildung von kompletten Hämagglutininen, und zwar von Gesamt-, IgM- und IgG-Hämagglutininen nach der Antigeninjektion verfolgt.
Wurden 30 Tage alte Ratten mit Schafserythrozyten i.v. immunisiert, dann stiegen die IgM- und IgG-Hämagglutinin-Titer im Serum mit der Dosis. Ihre Anteile an den Gesamt-Hämagglutininen wurden nicht verändert.
Bereits 10 Tage alte Ratten bildeten neben IgM-Hämagglutininen schon IgG-Hämagglutinine, wenn sie mit einer großen Schafserythrozytendosis i.p. immunisiert wurden. Die Hämagglutinin-Titer beider Ig-Typen waren um so höher, je älter die Tiere am Tag der Antigen-Injektion waren. Die Injektion einer kleinen Schafserythrozytendosis induzierte bei 15 Tage alten Ratten nur die Bildung von IgM-Hämagglutininen.
Die Ergebnisse werden im Zusammenhang mit der zellulären Kinetik der Antikörper-Bildung diskutiert.

Einleitung

Nach einem Antigen-Stimulus bilden Wirbeltiere humorale Antikörper in einer typischen Kinetik. Als Phasen werden die Latenzperiode, log-Phase, Plateau- und abfallende Phase unterschieden [2].
Nach der Latenzperiode werden bei der primären Immunreaktion als erste Antikörper immer die IgM-Antikörper gebildet. Erst später lassen sich im Serum die IgG-Antikörper nachweisen [3]. Die IgG-Antikörper haben den größten Anteil an der gebildeten Gesamt-Antikörper-Konzentration. Sie regulieren vermutlich über einen negativen feedback-Mechanismus die Synthese von beiden Antikörper-Typen [4, 5, 6].

Abkürzungen: IgM = Immunglobulin M, IgG = Immunglobulin G [1], HA = Hämagglutinin

[1] Nach Revision am 29. 9. 1967

Diese Kinetik der Antikörper-Bildung wird von vielen Faktoren beeinflußt. Solche sind z. B. der Typ des injizierten Antigens, die Art der Antigen-Applikation, die benutzte Tierspezies und deren genetische Konstitution, die Größe der Antigendosis und das Alter der Tiere [3, 7].
Werden kleine Dosen Bakteriophagen, Polioviren, Aktinophagen oder Salmonella-Flagellin injiziert, dann bilden Kaninchen, Mäuse und Ratten ausschließlich IgM-Antikörper [3]. Dagegen induzieren große Antigendosen hauptsächlich die Bildung von IgG-Antikörpern; IgM-Antikörper werden nur initial synthetisiert [8]. Dieser Dosiseffekt scheint aber auch vom Antigen-Typ beeinflußt zu werden, da die Applikation von großen Schafserythrozytendosen nicht zur bevorzugten Synthese von IgG-Hämagglutininen führt. Der Gesamt-Hämagglutinin-Titer steigt mit der Schafserythrozytendosis, ohne daß sich die Anteile von IgM- und IgG-Antikörpern verändern [9].
Intensive, systematische Untersuchungen der Ontogenese der Antikörper-Bildung bei Säugetieren zeigten, daß Foeten, Neugeborene und wachsende Tiere nach Injektion eines geeigneten, starken Antigens Antikörper vom IgM-Typ bilden [10, 11]. Das gleiche trifft auf die Entwicklung der Antikörper-Bildung beim Menschen zu [12]. ROWLEY und FITCH [13] fanden, daß 11 Tage alte Ratten nach i.p. Injektion einer großen Schafserythrozytendosis bereits Hämagglutinine bilden. Verabreichten sie die gleiche Schafserythrozytendosis 17 Tage alten Ratten, dann waren die Hämagglutinin-Titer höher als bei den jüngeren Tieren. Die Anteile der IgM- und IgG-Hämagglutinine an den Gesamthämagglutininen wurden dabei nicht bestimmt.
In unserer Arbeit soll untersucht werden, wie das Alter der Ratten am Immunisationstag die Bildung der kompletten IgM- und IgG-Hämagglutinine nach Injektion einer großen Schafserythrozytendosis beeinflußt. Andererseits interessierte uns die Frage, nach welcher Schafserythrozytendosis und in welchem Alter die Ratten die ersten IgG-Hämagglutinine bilden. Zusätzlich wird der Antigen-Dosiseffekt auf die Hämagglutinin-Bildung bei 30 Tage alten Ratten verfolgt.

Material und Methodik

5, 10, 15, 20 und 30 Tage alte Wistar-Ratten beider Geschlechter einer institutseigenen Koloniezucht wurden benutzt. Die 5 bis 20 Tage alten Tiere wurden während der Versuchsperiode bei den Muttertieren belassen. Die Muttertiere erhielten zu einem Nährkonzentrat (Arbeitsgruppe Versuchstierzucht Berlin, Küssner-Rezeptur) zusätzlich Trinkvollmilch. Die 30 Tage alten Ratten wurden nur mit Nährkonzentrat und Wasser ad libitum ernährt.
Als Antigene wurden Schafserythrozyten verwendet. Nach 3maligem Waschen und Zentrifugieren (4000 *g*) wurden Schafserythrozytensuspensionen von unterschiedlicher Konzentration volumetrisch eingestellt. Die Präparation der Schafserythrozytensuspension wurde stets unter sterilen Bedingungen vorgenommen.
Die 5, 10, 15 und 20 Tage alten Tiere erhielten 0,2 ml einer 10 oder 0,1%igen Schafserythrozytensuspension mit einer Tuberkulin-Spritze i.p. injiziert. Den 30 Tage alten Tieren wurde 1 ml einer 0,1-, 1-, 10- oder 100%igen Schafserythrozytensuspension

pro 250 g Körpergewicht i.v. injiziert. Die Immunisierungsbedingungen werden in der Beschreibung der Versuche noch einmal angegeben. Für die Angaben des Antikörper-Titers wird im folgenden der Tag der Injektion als Tag 0 gezählt.
Die 5 bis 20 Tage alten Ratten wurden zur Bestimmung des Antikörper-Titers durch Eröffnen der Halsgefäße entblutet. Den 30 Tage alten Tieren wurden dagegen aus dem Orbitalplexus ca. 0,4 bis 0,5 ml Blut entnommen. Das Serum wurde sofort abzentrifugiert und am gleichen Tag titriert oder einige Tage bei −15 °C aufbewahrt. Zur Titration der kompletten Antikörper wurden die Seren für 30 min bei 56 °C inaktiviert. Danach wurde mit dem Mikrotitrator nach Takatsy [14] (Labor, Budapest, Typ OX-603) eine 1 : 2 Verdünnungsreihe des Serums in einer 1%igen Schafserythrozytensuspension hergestellt. Die Schafserythrozyten waren in 0,15 M Phosphat-Puffer (*p*H 7,2) suspendiert. Nach 4stündiger Inkubation bei 4 °C wurden als Titer die Serumverdünnungen abgelesen, die noch eine eindeutig sichtbare Agglutination der Testerythrozyten zeigten. Zur Kontrolle des Titrationssystems wurde ein Standardserum mit einem bekannten Hämagglutinin-Titer und ein absorbiertes Serum mittitriert.
Zur Titration der Merkaptoäthanol-resistenten Hämagglutinine wurden die inaktivierten Antiseren mit 0,2 M Merkaptoäthanol (Fluka AG Basel, Schweiz) im Volumenverhältnis 1 : 1 1 Std. bei 37 °C inkubiert [15]. Der Anteil der Merkaptoäthanol-sensiblen Hämagglutinine wurde aus der Differenz zwischen den reziproken Gesamt-Hämagglutinin-Titern und den Merkaptoäthanol-resistenten Hämagglutinin-Titern berechnet.
Um die IgM- und IgG-Hämagglutinine getrennt auf ihre Merkaptoäthanolempfindlichkeit prüfen zu können, chromatographierten wir gepoolte, hochtitrige Antiseren an Sephadex G 200 (Pharmacia, Uppsala, Schweden). Die Filtration wurde an einer Säule von 100 cm Länge und 2,5 cm Durchmesser mit 0,1 M Tris-HCl-Puffer (*p*H 8,0) in 0,2 M NaCl bei einer Durchflußrate von 8 ml/Std. durchgeführt. Die Proteinkonzentration der 4 ml-Eluate wurde bei 280 nm gemessen [17].
Vor der Titration wurden die der 19 S- und 7 S-Fraktion entsprechenden Eluate vereinigt und mit Hilfe von Sephadex G 25 auf 1 ml eingeengt.
Zur statistischen Auswertung der Ergebnisse wurde der Wilcoxon-Test angewandt. Als Signifikanzgrenze wurde eine Irrtumswahrscheinlichkeit von $\alpha \leqq 0{,}05$ festgelegt [16].

Ergebnisse

1. Untersuchungen zur Merkaptoäthanolempfindlichkeit der IgM- und IgG-Hämagglutinine

Es galt zu prüfen, welche Hämagglutinine wir bei der Titration von Merkaptoäthanol-behandelten Seren erfassen und ob auf diese Weise IgM- und IgG-Antikörper quantitativ voneinander getrennt werden.
Aus einem Antiserum wurden an Sephadex G 200 2 Fraktionen chromatographisch isoliert, die der 19S (IgM)- und der 7S (IgG)-Fraktion entsprechen. Die Titration der Hämagglutinine in diesen beiden Fraktionen ergab die reziproken Titer 64 und 32. Nach Inkubation mit 0,2 M Merkaptoäthanol war in der 19S-Fraktion keine Hämagglutinin-Aktivität mehr nachzuweisen. Der Hämagglutinin-Titer der 7S-Fraktion blieb nach Merkaptoäthanolzugabe konstant.
Damit ist bewiesen, daß durch Merkaptoäthanolzusatz zum Antiserum die 19S-Hämagglutinin-Aktivität quantitativ zerstört wird. Die 7S-Antikörper behalten dagegen ihre agglutinierende Aktivität. Die merkaptoäthanolsen-

silben Hämagglutinine können also mit Recht als IgM-Antikörper und die Merkaptoäthanol-resistenten Hämagglutinine als IgG-Antikörper bezeichnet werden.

2. Antigen-Dosiseffekt auf die Kinetik der Hämagglutinin-Bildung bei 30 Tage alten Ratten

Ratten im Alter von 30 Tagen wurden mit verschieden großen Schafserythrozytendosen i.v. immunisiert.

In bestimmten Zeitabständen nach der Antigeninjektion wurden die Hämagglutinin-Titer im Serum bestimmt. In der Abb. 1 sind die reziproken Hämagglutinin-Maximaltiter als Parameter der untersuchten Immunreaktion aufgezeichnet.

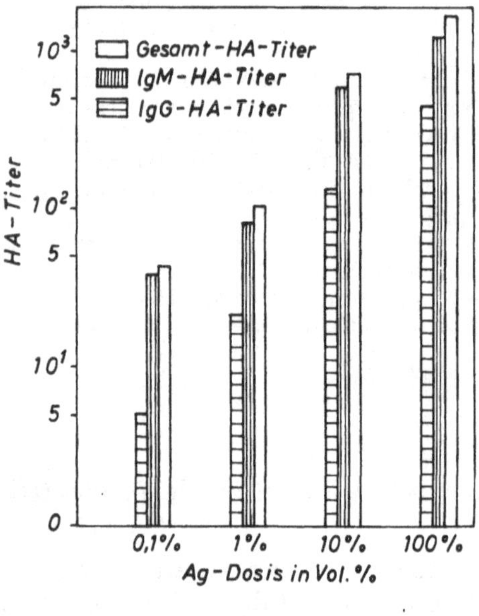

Abb. 1. Arithmetische Mittelwerte der reziproken Hämagglutinin-Maximaltiter bei 30 Tage alten Ratten nach i.v. Injektion von 1 ml 0,1-, 1-, 10- und 100%iger Schafserythrozytensuspension pro 250 g Körpergewicht. Zahl der Tiere in den Gruppen:
0,1 Vol%: = 22; 1 Vol%: = 6;
10 Vol%: = 6: 100 Vol%: = 8

Die Abb. 1 zeigt, daß die Gesamt-Hämagglutinin-Titer mit steigender Antigendosis größer werden. Der Unterschied zwischen der 0,1%igen und der 1%igen bzw. der 1%igen und der 10%igen Schafserythrozytensuspension ist statistisch signifikant ($\alpha < 0,01$).

Das gleiche gilt für die IgM-Hämagglutinin-Maximaltiter ($\alpha < 0,01$). Der Anstieg der IgG-Hämagglutinine ist nur dann signifikant, wenn mit Schafserythrozytendosen immunisiert wurde, die um den Faktor 100 voneinander differieren ($\alpha < 0,01$).

Unabhängig von der injizierten Antigen-Dosis machen die IgM-Hämagglutinine immer den größten Anteil an den Gesamttitern aus.

3. Entwicklung der Hämagglutinin-Bildung bei 5 bis 30 Tage alten Ratten nach i.p. Injektion einer großen Schafserythrozytendosis

Allen Tieren wurden 0,2 ml 10%ige Schafserythrozytensuspension intraperitoneal injiziert. Aus der Abb. 2, die die Hämagglutinin-Titermittelwerte und den dynamischen Ablauf ihrer Bildung wiedergibt, ist zu entnehmen, daß um so mehr Hämagglutinine gebildet werden, je älter die Tiere am Tag der Injektion des Antigens sind.

Bei 5 Tage alten Ratten waren erst am 10. Tag nach der Antigen-Injektion Hämagglutinine sicher nachweisbar (Abb. 2a). Die Hämagglutinine waren nur vom IgM-Typ (Abb. 2b und 2c). Alle übrigen Altersgruppen bildeten schon am 3. Tag nach der Antigen-Applikation die ersten IgM-Hämagglutinine (Abb. 2c).

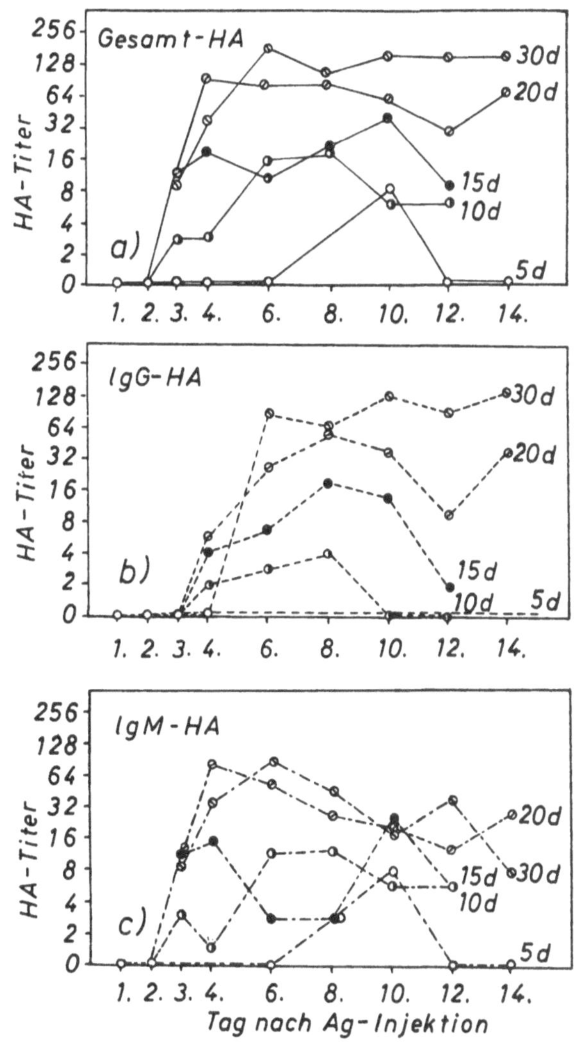

Abb. 2. Kinetik der Hämagglutininbildung bei Ratten verschiedenen Alters nach i.p. Injektion von 0,2 ml 10%iger Schaftserythrozytensuspension

a) Mittelwerte der reziproken Gesamt-Hämagglutinin-Titer;
b) Mittelwerte der reziproken IgG-Hämagglutinin-Titer;
c) Mittelwerte der reziproken IgM-Hämagglutinin-Titer;
. . .d = Alter der Ratten am Tag der Antigen-Injektion. Jeder Punkt entspricht dem arithmetischen Mittelwert von 6—10 untersuchten Tieren

Die IgM-Hämagglutinin-Maximaltiter lagen um so höher, je älter die Tiere zum Zeitpunkt der Antigen-Injektion waren. Jedoch ist die Erhöhung der IgM-Hämagglutinin-Maximaltiter nur dann statistisch signifikant ($\alpha < 0{,}01$), wenn das Antigen am 10. oder 15. Lebenstag injiziert wurde (Abb. 2c). Bereits 10 Tage alte Ratten bildeten 4 Tage nach der Antigen-Gabe die ersten IgG-Hämagglutinine (Abb. 2b). Mit zunehmendem Alter bei der Immunisierung steigt auch hier der Antikörper-Titer. Bei den beiden jüngsten Tiergruppen ist der Unterschied zwischen dem 8. Tag (Immunisierung am 10. Lebenstag) und dem 10. Tag (Immunisierung am 15. Lebenstag) statistisch signifikant, bei den beiden ältesten Tiergruppen der Unterschied am 6. Tag nach der Immunisierung ($\alpha < 0{,}01$). Alle Unterschiede zwischen Antikörper-Titern von Tiergruppen mit einer Altersdifferenz von 10 Tagen und mehr zum Zeitpunkt der Antigen-Gabe sind signifikant oder hoch signifikant.

4. *Kinetik der Hämagglutinin-Bildung bei 15 Tage alten Ratten nach Injektion verschieden großer Schafserythrozytendosen*

Wurden 15 Tage alte Ratten mit 0,2 ml 10%iger Schafserythrozytensuspension pro 15 g Körpergewicht i.p. immunisiert, dann waren die ersten Hämagglutinine vom IgM-Typ. Ungefähr 2 Tage später erschienen die IgG-Hämagglutinine. Beide Hämagglutinin-Typen erreichen etwa am 6. Tag nach der Antigen-Applikation ihre höchsten Titer (Abb. 3a).

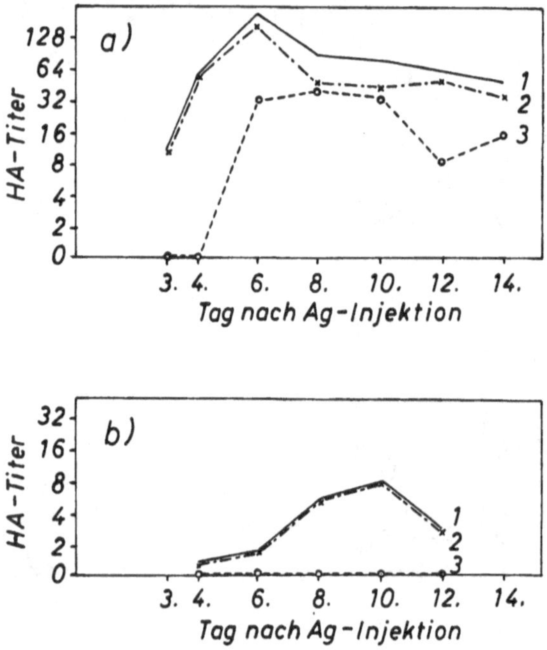

Abb. 3. Kinetik der Hämagglutininbildung bei 15 Tage alten Ratten nach i.p. Injektion einer verschieden großen Schafserythrozytendosis.

a) 0,2 ml 10%ige Erythrozytensuspension pro 15 g Körpergewicht;

b) 0,2 ml 0,1%ige Erythrozytensuspension pro 15 g Körpergewicht.

——— 1 = Gesamt-Hämagglutinin-Titermittelwerte;

-·-·-·- 2 = IgM-Hämagglutinin-Titermittelwerte;

- - - - - 3 = IgG-Hämagglutinin-Titermittelwerte. Jeder Punkt repräsentiert den arithmetischen Mittelwert von 6—10 untersuchten Tieren

Gleichaltrige Tiere bildeten nach Injektion einer 100mal kleineren Schafserythrozytendosis nur Hämagglutinine vom IgM-Typ. In dieser Tiergruppe waren die ersten IgM-Hämagglutinine viel später nachweisbar. Sie erreichten ihren Maximaltiter erst am 10. Tag (Abb. 3b).

Diskussion

Wir fanden, daß bei 30 Tage alten Ratten der Hämagglutinin-Titer beider Ig-Typen nach Immunisation mit Schafserythrozyten mit der Antigen-Dosis ansteigt. Dieser Anstieg der Hämagglutinine könnte einmal dadurch bedingt werden, daß jede antikörperbildende Lymphoid- und Plasmazelle in den lymphatischen Organen der Ratte mehr Antikörper synthetisiert. Es wäre aber auch möglich, daß die größere Antigen-Dosis die Antikörper-Synthese pro Zelle nicht verändert, jedoch die Gesamtzahl der antikörperbildenden Zellen erhöht. Letztere Hypothese ist an Mäusen mit der JERNE-Technik [18] und der in vivo-Kulturmethode in letal bestrahlten Tieren [19] mit Erythrozyten-Antigenen erhärtet worden. Die Antigen-Dosis scheint demnach die Zahl der stimulierten immunologisch kompetenten Stammzellen und die Zahl der sich aus ihnen in einem Proliferations- und Differenzierungsprozeß entwickelnden antikörperbildenden Zellen [2] zu beeinflussen.

Sowohl kleine als auch große Schafserythrozytendosen induzierten bei 30 Tage alten Ratten die Abgabe von relativ gleichbleibenden IgM- und IgG-Hämagglutinin-Anteilen in das Serum. Unsere Ergebnisse stimmen damit mit denen von ADLER [9] überein, der den Dosiseffekt mit dem gleichen Antigen auf die Antikörperbildung bei Mäusen untersuchte.

Auch MAKINODAN und PETERSON [20] berichteten, daß Mäuse nach Injektion von größeren Dosen Rattenerythrozyten einen höheren Titer an IgM- und IgG-Hämagglutininen aufwiesen, ohne daß sich dabei das Verhältnis beider Antikörper-Typen zueinander änderte. Die i.v. injizierten Schafserythrozyten scheinen in der Milz der 30 Tage alten Tiere bei jeder Dosis die immunologisch kompetenten Stammzellen für beide Antikörper-Typen in gleiche Anteile zu induzieren [21, 22]. Die Schafserythrozytendosis beeinflußt wahrscheinlich auch die hypothetische Umschaltung der Synthese von IgM- auf IgG-Hämagglutinine während der Differenzierung der antikörperbildenden Zellen nicht [23].

Grundsätzlich andere Resultate werden mit jüngeren Tieren erhalten. Schon vor einigen Jahren konnte HALLIDAY in Seren von 10 bis 15 Tage alten Ratten mit der Stärkeelektrophorese geringe Antikörper-Aktivitäten in der IgG-Fraktion nachweisen, wenn sie einige Tage vorher mit Brucellae abortus [24] oder Salmonellae pullorum [25] immunisiert wurden. Kürzlich fand auch WILLIAMS [26], daß innerhalb von einigen Tagen eine „Umschaltung" der Synthese von IgM-Antikörpern auf IgG-Antikörper erfolgte, wenn er 16 Tage alten Ratten das starke Antigen Salmonella-Flagellin-Polymer injizierte. Wir haben die Bildung von beiden Antikörper-Typen bei mehreren sehr jungen Tiergruppen untersucht. Immunisierten wir 5 Tage alte Ratten mit einer großen Schafserythrozytendosis, dann konnten wir nach langer Latenzperiode nur IgM-Hämagglutinine in ihren Seren nachweisen. 10 Tage alte Ratten bildeten jedoch 4 Tage nach Injektion der gleichen Antigen-Dosis neben IgM-Hämagglutininen bereits die ersten IgG-Hämagglutinine. Die jüngeren Ratten haben wahrscheinlich zum Zeitpunkt der Antigen-Injektion immunologisch kompetente Stammzellen, die sich nur zu IgM-hämagglutininbildenden Zellen differenzieren können. Jedoch scheinen sich innerhalb von wenigen Tagen immunologisch kompetente Stammzellen in den lymphatischen Organen der Ratte zu entwickeln, die zur Synthese von IgG-Hämagglutininen fähig sind.

Es muß beachtet werden, daß die angewandte Versuchsmethode für IgM-Antikörper erheblich empfindlicher ist [34] als für IgG-Antikörper. Untersuchungen mit einer Technik, die beide Antikörper-Typen etwa gleich empfindlich nachweist, sind z. Z. in Vorbereitung.

Auch an anderen Tierspezies sind immunologische Experimente mit Erythrozyten-Antigen durchgeführt worden. So erschienen die IgG-Hämagglutinine gegen Ziegenerythrozyten bei Küken genauso früh wie die IgM-Hämagglutinine, wenn eine große Antigen-Dosis verabreicht wurde [27]. Neugeborene und 3 Tage alte Kaninchen bildeten aber erst 15 Tage nach der Immunisation IgG-Antikörper gegen das Forssman-Antigen, viel später als IgM-Antikörper [28].

Nach unseren Resultaten muß für die Untersuchung der Kinetik der Antikörperbildung bei reifenden Tieren die Antigen-Dosis genauso berücksichtigt werden, wie bei erwachsenen Tieren. Es ist nicht so, daß die reifenden Tiere unabhängig von der injizierten Antigen-Dosis nur Antikörper vom IgM-Typ bilden. Sie bilden nur dann ausschließlich Antikörper vom IgM-Typ, wenn ihnen kleine Antigen-Dosen injiziert werden (Abb. 3a u. b). Die immunologisch kompetenten Stammzellen für die IgM-Antikörper-Synthese scheinen demnach mit einer viel kleineren Antigen-Konzentration induzierbar zu sein als die für die Synthese der IgG-Antikörper.

Je älter unsere Ratten am Immunisationstag waren, um so früher und desto mehr Hämagglutinine beider Ig-Typen wurden gebildet, wenn wir mit einer gleichgroßen Schafserythrozytendosis immunisierten (Abb. 2a bis c). Wir meinen, daß mit dieser Versuchsanordnung indirekt die Reifung des primären immunologischen Potentials erfaßt wird. Dieses Potential wird von der Zahl der immunologisch kompetenten Stammzellen bestimmt. An verschiedenen Mäuseinzuchtstämmen wurde mit der Jerne-Technik [29, 30] und der in vivo-Kulturmethode in letal bestrahlten Tieren [31, 32] gezeigt, daß in den ersten Lebenswochen das immunologische Potential exponentiell zunimmt. Die gleiche Schlußfolgerung läßt sich aus den Experimenten von Miler [33] ziehen, der nachwies, daß die LD 50 für lebende Salmonellae paratyphi B bei Ratten innerhalb der ersten 30 Lebenstage auf das 1000-fache ansteigt. In ähnlicher Weise reift das immunologische System unserer

Ratten vom 5. bis zum 30. Lebenstag. Eine ausreichend große Schafserythrozytendosis kann nun eine immer größer werdende Zahl immunologisch kompetenter Stammzellen zur Zellteilung stimulieren. Wenn die Zahl der folgenden Zellteilungen konstant bleibt, ergibt sich eine größere Zahl hämagglutininbildender Zellen. Die Hämagglutinin-Titer müssen im Serum ansteigen.

Wir danken Herrn Prof. Dr. M. Hašek, Institut für Experimentelle Biologie und Genetik, Prag und Herrn Dr. J. Šterzl, Institut für Mikrobiologie, Prag, herzlich für die großzügige Unterstützung bei der Einarbeitung in die immunologischen Arbeitstechniken.

Literatur

[1] Bull. Wld Hlth Org., **30**, 447 (1964).
[2] Makinodan, T. u. J. F. Albright: Prog. Allergy **10**, 1 (1967).
[3] Uhr, J. W. u. M. S. Finkelstein: Prog. Allergy **10**, 37 (1967).
[4] Finkelstein, M. S. u. J. W. Uhr: Science, N.Y. **146**, 67 (1964).
[5] Sahiar, K. u. R. S. Schwartz: J. Immun. **95**, 345 (1965).
[6] Möller, G. u. H. Wigzell: J. exp. Med. **121**, 969 (1965).
[7] Fudenberg, H. H.: A. Rev. Microbiol. **19**, 301 (1965).
[8] Ivanyi, J., V. Valentova u. J. Černy: Folia biol., Praha **12**, 157 (1966).
[9] Adler, F. L.: J. Immun. **95**, 26 (1965).
[10] Solomon, J. B. in: The biochemistry of animal development. R. Weber. (Hrsg.) **1**, 367. Academic Press, New York-London 1965.
[11] Good, R. A. u. B. W. Papermaster: Adv. Immun. **4**, 1 (1964).
[12] Smith, R. T., D. V. Eitzman, M. E. Catlin, E. O. Wirtz u. B. E. Miller: Pediatrics, N.Y. **33**, 163 (1964).
[13] Rowley, D. A. u. F. W. Fitch: J. exp. Med. **121**, 671 (1965).
[14] Takatsy, G.: Acta microbiol. hung. **3**, 191 (1955).
[15] Deutsch, H. F. u. J. I. Morton: Science, N. Y. **125**, 600 (1957).
[16] Geigy, J.: Wissenschaftliche Tabellen, Basel 1960. S. 124.
[17] Flodin, P. u. J. Killander: Biochim. biophys. Acta **63**, 403 (1962).
[18] Wigzell, H., G. Möller u. B. Anderson: Acta path. microbiol. scand. **66**, 530 (1966).
[19] Albright, J. F. u. T. E. Evans: J. Immun. **95**, 368 (1965).
[20] Makinodan, T. u. W. J. Peterson: Devl Biol. **14**, 112 (1966).
[21] Stavitsky, A. B., M. D. Schoenberg, R. D. Moore u. M. J. Freeman in: Molecular and Cellular basis of antibody formation. J. Šterzl (Hrsg.) Publ. House Czechoslow. Acad. Sci., Prague 1965, S. 577.
[22] Schoenberg, M. D., A. B. Stavitsky, R. D. Moore u. M. J. Freeman: J. exp. Med. **121**, 577 (1965).
[23] Nossal, G. J. V., H. Szenberg, G. L. Ada u. C. M. Austin: J. exp. Med. **119**, 485 (1964).
[24] Halliday, R.: Proc. R. Soc. B, **161**, 208 (1964).
[25] Halliday, R.: Proc. R. Soc. B, **147**, 140 (1957).
[26] Williams, G. M.: J. exp. Med. **124**, 57 (1966).
[27] Delhanty, J. J. u. J. B. Solomon: Immunology **11**, 103 (1966).
[28] Řiha, J. in: Mechanisms of immunological tolerance. M. Hašek, A. Lengerová u. M. Vojtišková (Hrsg.) Czechoslow. Acad. Sci., Prague 1962, S. 103.
[29] Wigzell, H. u. J. Sternswärd: J. natn. Cancer Inst. **37**, 513 (1966).
[30] Diener, E.: Int. Archs Allergy appl. Immun. **30**, 120 (1966).

[31] Makinodan, T. u. W. J. Peterson: J. Immun. **93**, 886 (1964).
[32] Makinodan, T. u. W. J. Peterson: Devl Biol. **14**, 96 (1966).
[33] Miler, J.: Folia microbiol., Praha **7**, 223 (1962).
[34] Greenburg, C. L., D. H. Moore, u. L. A. Nunn: Immunology **6**, 421 (1963).

Summary

K. Malberg and B. Schlag: Development of primary haemagglutinin formation in growing rats

Wistar rats aged 5, 10, 15, 20, and 30 days were primarily immunized with different doses of sheep erythrocytes by intraperitoneal and intravenous routes. The kinetic of formation of total haemagglutinins as well as of IgM and IgG haemagglutinins following injection of the antigen was followed up. If 30-day-old rats were immunized intravenously with sheep erythrocytes, the IgM and IgG haemagglutinins titres in the serum increased with dosage. Their percentage in total haemagglutinin was not altered. Already 10-day-old rats when immunized intraperitoneally with a great dose of sheep erythrocytes formed IgG haemagglutinins besides IgM haemagglutinins. The haemagglutinin titres if either Ig type increase with age of the animals at the time of injection of the antigen. Injection of a small dose of sheep erythrocytes into 15-day-old rats stimulated only the formation of IgM haemagglutinins.
The results are discussed in connection with the cellular kinetic of antibody formation.

Резюме

К. Мальберг и Б. Шлаг: Развитие первичного образования гемагглютининов у растающих крыс

Проводилась первичная внутрибрюшинная и внутривенная иммунизация крыс Вистар возрастом 5, 10, 15, 20 и 30 дней разными дозами эритроцитов овец. В их сыворотках определилась кинетика образования общих гемагглютининов а также IgM- и IgG-гемагглютининов после инъекции антигена. Если крысам в возрасте 30 дней проводилась внутривенная иммунизация овчьимм эритроцитами, то титры IgM- и Ig G-гемагглютининов в сыворотке увеличивались с дозой. Их доли в общих гемагглютининах не изменились.
Уже крысы в возрасте 10 дней образовали кроме IgM-гемагглютининов также IgG-гемагглютинины при предварительной их внутрибрюшинной иммунизации овчьими эритроцитами. Гемагглутининые титры обоих Ig-типов были тем выше, чем старее были животные в день инъекции антигена. Инъекция небольшой дозы овчьих эритроцитов индуцировала у крыс в возрасте 15 дней лишь образование IgM-гемагглютининов.
Результаты обсуждаются в связи с клеточной кинетикой образования антител.

Acta biol. med. germ., Band 20, Seite 233–240 (1968)

Aus der Medizinischen Fakultät der Universität von Illinois
(Direktor: Prof. Dr. med. H. DOWLING) und dem Hektoen Institut für Medizinische Forschung des Cook County Hospitals, Chicago, Illinois, U.S.A.

Beitrag zum Problem der Standardisierung des Latex-Fixationstests zum Nachweis des Rheumafaktors

I. Vergleich dreier verschiedener Latex-Fixationstests und nähere Charakterisierung des Gammaglobulin-„Reaktant"

G. BACH, H. GRIEBLE, R. ZSCHOCKE und T. ANDERSON[1]

(Eingegangen am 4. 9. 1967)

Zusammenfassung

Die Ergebnisse dreier verschiedener LFT stimmten nur zu 67% überein. Diese Resultate bestätigen Daten von BOZSOKY [3], der fand, daß ein bekanntpositives RF-Standardserum in 14 verschiedenen Laboratorien Titerunterschiede von 1 : 64 bis 1 : 20480 aufwies. Unsere Untersuchungen ergaben, daß das zur Sensibilisierung der Latexpartikel verwendete GR hauptsächlich für die Diskrepanz der Ergebnisse verantwortlich ist. Nähere Charakterisierung des GR mit Hilfe von Zonenelektrophorese, Immunoelektrophorese und analytischer Zentrifuge wird von uns vorgeschlagen und als wichtiger Schritt zu einer Standardisierung des LFT betrachtet.

Einleitung

Im Serum von Patienten mit PCP findet sich häufig ein makromolekulares Gammaglobin, der sogenannte RF, welcher mit der Agglutination sensibilisierter Hammelblutkörperchen, den Streptokokkenagglutinationen und den Kunststoffpartikeltesten nachgewiesen wird. Der RF wird heute als Autoantikörper aufgefaßt, wobei denaturiertes 7 S Gammaglobulin das Antigen darstellt (sogenanntes GR). Nach den Angaben verschiedener Autoren und unter Verwendung vielfältiger Nachweismethoden wird das Vorkommen des RF bei PCP mit 23 bis zu 100% angegeben [1].
Unter den Methoden zum Nachweis des RF hat sich vor allem der LFT nach SINGER und PLOTZ [2] bewährt. Dieser Test ist dank der biologisch inerten Polystyrolpartikel in jedem serologischen Laboratorium leicht durchführbar

[1] Die vorliegende Arbeit wurde vom Institut für Allergie und Infektionskrankheiten der U.S.A. unterstützt (United States Public Health Training Grant: 5-T1-A1-208) und während eines Fellowships des ersten Autors durchgeführt.

Abkürzungen: Primär chronische Polyarthritis = PCP; Rheumafaktor = RF; Latex-Fixationstest(s) = LFT; Gammaglobulin-„Reaktant"(s) = GR und auch gut reproduzierbar. Nach Untersuchungen von Bozsoky [3] schwankte jedoch der LFT-Titer eines bekanntpositiven RF-Standardserums in 14 Laboratorien zwischen 1 : 64 und 1 : 20480. Die Diskrepanz dieser Ergebnisse wurde durch verschiedene Größe und Fabrikation der Kunststoffpartikel sowie durch das in Herstellung, Bezugsquelle und Vorbehandlung verschiedene GR zu erklären versucht.

In der vorliegenden Arbeit haben wir in Anlehnung an die Ergebnisse von Bozsoky [3] das Verhalten verschiedener GR im LFT untersucht, indem wir drei herstellungsmäßig und regional verschiedene LFT miteinander verglichen. Hernach haben wir dann das zur Sensibilisierung der Latexpartikel verwendete GR mit Hilfe von Zonenelektrophorese, Immunoelektrophorese und der analytischen Ultrazentrifuge näher untersucht.

Material und Methodik

Insgesamt 246 Seren wurden untersucht. Diese Seren wurden von 5 verschiedenen Probandengruppen nüchtern erhalten und bei −20 bis −70 °C aufbewahrt. Die 5 Gruppen umfaßten: 1) 39 Blutspender, 2) 44 Patienten mit klassischer PCP, 3) 17 Patienten mit Kollagenkrankheiten, 4) 31 Patienten mit Erkrankung der Leber und 5) 115 Personen eines Altersheimes.

Nähere Beschreibung der 5 Probandengruppen: Das Durchschnittsalter der Blutspender, von uns als normale Kontrollen verwendet, war etwas über 30 Jahre. Nur Personen, die ein normales Blutbild, normale Urinuntersuchung, negative Serologie für Syphilis und eine unauffälige Krankenvorgeschichte hatten, wurden als Blutspender zugelassen. Die Patienten mit PCP erfüllten die Kriterien der American Rheumatism Association [4]. 14 Patienten der Gruppe 3 hatten Lupus erythematosus disseminatus mit positiven LE-Zellpräparaten, 2 hatten Skleroderma und 1 Dermatomyositis. Alle Patienten der Gruppe 4 hatten Leberzirrhose. Etwa die Hälfte (16 von 31) dieser Patienten hatten zur Zeit der Blutabnahme Gelbsucht; 3 hatten zusätzlich Pankreaskopfkarzinome wie die Autopsie später bestätigte. Der jüngste von uns getestete Insasse des Altersheimes war 50, der älteste 100 Jahre alt. Das Durchschnittsalter betrug 70 Jahre. Die Hälfte dieser Individuen hatten Erkrankungen des Herzens und des Kreislaufs, etwa 30% verteilten sich auf Osteoarthrosis, Emphysem und Diabetes mellitus. Unter den restlichen Diagnosen waren Erkrankungen der ableitenden Harnwege und der Prostata mit ungefähr 10% am häufigsten vertreten. Keine dieser Personen hatte eine Diagnose der Gruppen 2, 3 oder 4.

Zur Durchführung des LFT verwendeten wir die folgenden 3 Modifikationen: die kommerziellen Objektträgertests der Firma Hyland Laboratories, Los Angeles, Kalifornien (RA-Test), und der Behringwerke AG., Mahrburg-Lahn (Latex-RF-Reagens Behringwerke)[1]. Bei der Durchführung der Objektträgertests hielten wir uns im wesentlichen an die Angaben der Herstellerfirmen. Nach Dekomplementierung der Seren bei 56 °C für 30 min wurde eine Serumverdünnung von 1 : 20 in Glykokoll-Kochsalzpuffer hergestellt. Ein Tropfen dieser Serumverdünnung wurde mit einem Tropfen des betreffenden Latex-Reagens für 1/2 min auf einem dunklen, undurchsichtigen Objektträger (der Firma Hyland) gut vermischt und auf eine Fläche von ungefähr 20 × 25 mm verteilt. Der Objektträger wurde dann leicht rotierend bewegt, und die Agglutination nach 3 min makroskopisch abgelesen.

[1] Für kostenlose Überlassung des Latex-RF-Reagens Behringwerke bedanken wir uns bei Hoechst Pharmaceuticals, Cincinnati, Ohio

Zur eigenen Modifikation der Standardmethode nach SINGER und PLOTZ [2] verwendeten wir die Reagenzien der Firma Difco Laboratories, Detroit, Michigan: Bacto-RA (Human) Fraktion II zur Sensibilisierung der Latexpartikel, Bacto-Latex-Stammlösung mit einer Partikelgröße von 0,814 μ und Glykokoll-Kochsalzpuffer vom *p*H 8,2. Die dekomplementierten Seren wurden in jeweils 0,5 ml Glykokoll-Kochsalzpuffer von 1:20 bis 1:5120 in geometrischer Reihe verdünnt. 0,5 ml einer Mixtur bestehend aus 94 Teilen Glykokoll-Kochsalzpuffer, 5 Teilen einer 1%igen Lösung von Bacto-RA Plasma Fraktion II und 1 Teil Latex-Stammlösung wurde zu jeweils 0,5 ml der Serumverdünnungsreihe zugegeben. Die Reagensgläser wurden dann kurz aufgeschüttelt, mit einer Plastikfolie bedeckt und bei 56 °C für 1½ Std. im Wasserbad inkubiert. Nach einer zusätzlichen Inkubation über Nacht bei 4 °C wurden die Reagensgläser am nächsten Morgen zunächst für 30 min bei Zimmertemperatur stehen gelassen und hernach bei 2400 U/min für 3 min zentrifugiert. Das Ergebnis wurde mit Hilfe einer speziellen Ableseapparatur [5] registriert, und die Agglutination je nach Stärke als 4+, 3+, 2+, 1+ oder negativ (— = negativ) bezeichnet. Die folgenden Kontrollen wurden einbezogen: 1. ein bekanntpositives RF-Serum; 2. das zu testende Serum und nicht sensibilisierte Latexpartikel; 3. sensibilisierte Latexpartikel in Glykoll-Kochsalzpuffer. Bei unserer Modifikation der Standardmethode erachteten wir einen Titer von 1:160 oder höher als positiv.

Die Zonenelektrophorese wurde nach den Angaben der Firma Beckman Instruments Inc., Fullerton, California, in einer „Modell R-101" Mikroelektrophoresezelle auf Zelluloseazetatfolie durchgeführt. Die prozentuale Verteilung der einzelnen Proteinfraktionen wurde mittels eines Spinco Analytrol der gleichen Firma errechnet.

Die Immunoelektrophorese erfolgte nach der Mikromethode von SCHEIDEGGER [6] mit dem LKB-Immunophor der Firma LKB-Producter AB, Stockholm. Die Auftrennungszeit wurde von uns mit 1½ Std. bei 200 Volt angesetzt. In den Elektrodengefäßen verwendeten wir 0,05, im Agar 0,025 M Veronalpuffer vom *p*H 8,2. Die folgenden Antiseren vom Kaninchen kamen zur Verwendung (Behringwerke): Antiserum zu Gesamthumanserum, Immunoglobulin-A, Immunoglobulin-M, α_1-Lipoprotein und α_2-Lipoprotein (von Hyland; von der Ziege), Immunoglobulin-G, Transferrin, β-Lipoprotein und Caeruleoplasmin.

Untersuchungen mit der Ultrazentrifuge an allen 3 zur Sensibilisierung der Latexpartikel verwendeten GR wurden in der analytischen Ultrazentrifuge Spinco Modell E bei 56000 U/min und 4 °C in 0,9%iger Kochsalzlösung durchgeführt. Die Sedimentationskonstante wurde für 20 °C und H_2O korrigiert.

Die GR des Hyland- und des Behringwerke-LFT wurden von den Latexpartikeln mit Glykokoll-Kochsalzpuffer 3mal eluiert und die Latexpartikel jeweils bei 10000 U/min sedimentiert. Die kombinierten Eluate wurden dann in Kollodiummembranen unter Vakuum gegen physiologische Kochsalzlösung dialysiert und zu folgenden Proteingehalten konzentriert: GR-Hyland zu 0,82% und GR-Behringwerke zu 1,42%. Die Bacto-RA Plasma Fraktion II wurde als 1%ige Lösung benutzt. Alle Untersuchungen mit der Elektrophorese und der Ultrazentrifuge wurden mit diesen Proteinkonzentrationen durchgeführt. Der Proteingehalt wurde jeweils mit einer modifizierten Mikro-KJELDAHL-Methode bestimmt.

Ergebnisse

1. Vergleich der Ergebnisse der 3 verschiedenen Latex-Fixationstests

Die Höhe der Säulen in der Abb. 1 zeigt den Prozentsatz positiver LFT-Titer in der Reihenfolge: eigene Modifikation der LFT-Standardmethode, Hyland- und Behringwerke-LFT. Wie erwartet fanden wir den höchsten Prozentsatz positiver Ergebnisse bei Patienten mit PCP mit 79,6, 70,5, 61,4%. Die

Gruppe 5, Personen eines Altersheimes, zeigte mit der modifizierten Standardmethode und dem Hyland-Test 45,2 und 34,8% positive Titer, während der Behringwerke-Test mit nur 12,2% dagegen deutlich abfiel. Ähnlich waren die Ergebnisse in den Gruppen 1 (Blutspender) und 4 (Erkrankung der Leber) und noch eindrucksvoller in der Gruppe 3 (Kollagenkrankheiten), wo der Behringwerke-Test durchaus negativ ausfiel. Erstaunlich war der Unterschied, wenn wir die Gruppen 1, 3, 4 und 5 zusammenfaßten und den Prozentsatz sogenannter „falschpositiver" Titer (im Gegensatz zur „wahren" Positivität bei der PCP) berechneten. 39% entfielen auf die Standardmethode, 26% auf Hyland, aber nur 10% auf das Latex-RF-Reagens Behringwerke. Übereinstimmung aller 3 LFT fand sich nur in 67%.

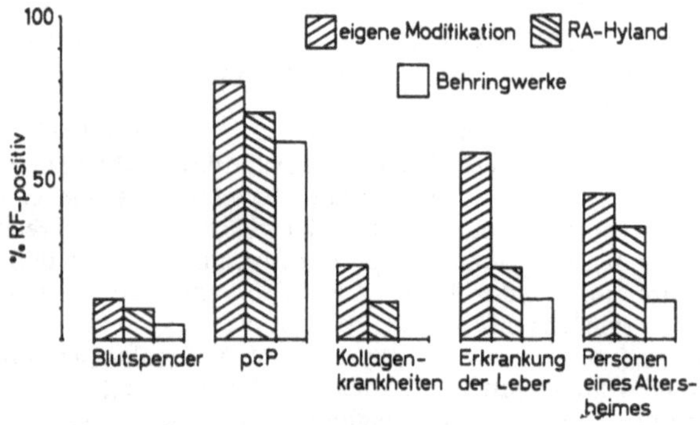

Abb. 1. Vergleich der Ergebnisse dreier verschiedener Latex-Fixationstests in 5 verschiedenen Probandengruppen: Blutspender, Patienten mit primär chronischer Polyarthritis (pcP), Kollagenkrankheiten, Patienten mit Erkrankung der Leber und Personen eines Altersheimes

2. Ergebnisse der Analyse des Gammaglobulin-„Reaktant" mit Hilfe von Zonenelektrophorese, Immunoelektrophorese und der analytischen Ultrazentrifuge.

Die Abb. 2 zeigt deutlich, daß die bei den 3 verschiedenen LFT verwendeten GR sowohl bei der Zonenelektrophorese als auch bei der Immunoelektrophorese Unterschiede in ihrer Mobilität zeigen. So ist der beim Bacto-RA vorhandene anodische Teil des Immunoglobulin-G beim Hyland- und Behringwerke-GR abwesend. Das Behringwerke-Präparat zeigt außerdem noch zusätzliche Präzipitinbogen, wovon der schnellere eindeutig als Albumin erkannt werden kann. Mit Hilfe spezifischer Antiseren wurden die beiden anderen Proteine im α- und β-Bereich als Haptoglobin und Transferrin identifiziert. Außerdem kam noch eine schwache Immunoglobulin-A-Linie zur Darstellung.

Die in der Ultrazentrifuge als „G" bezeichneten Gipfel sind 7 S Gammaglobulin-G, wobei beim Behringwerke-GR noch eine 4,8 S Komponente (größtenteils Albumin) und schneller sedimentierendes, denaturiertes Gammaglobulin „GG" in der Bacto-RA Plasma Fraktion II deutlich zu erkennen sind. Nach unseren Berechnungen hatte das denaturierte Gammaglobulin „GG" eine SVEDBERG-Konstante von 9.

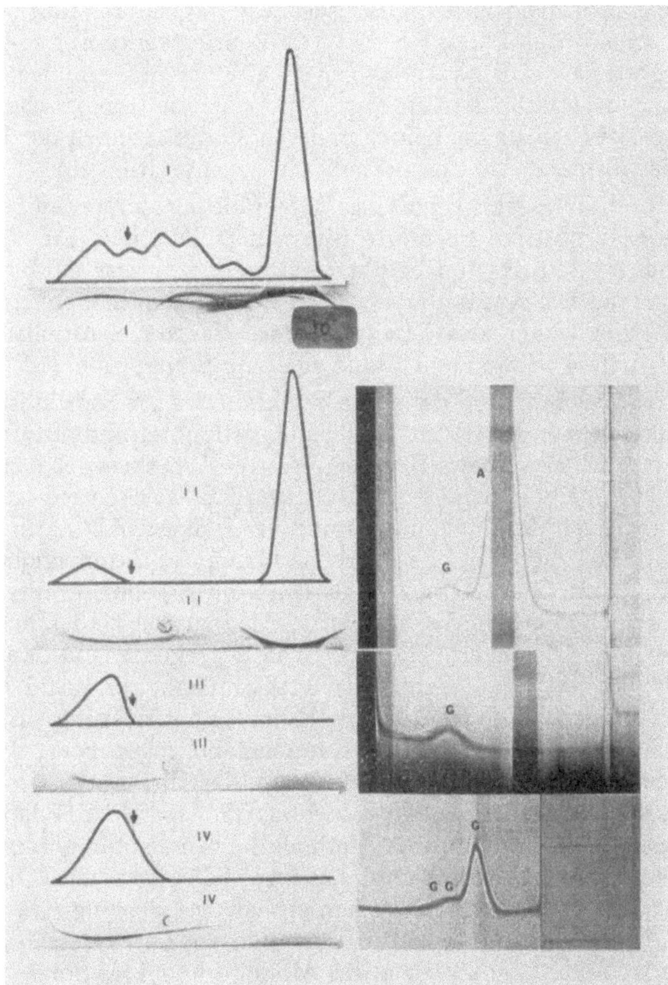

Abb. 2. Analyse des Gammaglobulin-„Reaktant" der drei verschiedenen Latex-Fixationstests: Auf der linken Seite der Abbildung (oben jeweils Zonenelektrophorese, darunter die Präzipitationslinien der Immunoelektrophorese): I = normales Kontrollserum; II = GR-Behringwerke; III = GR-Hyland; IV = Bacto-RA Plasma Fraktion II. Die Pfeile markieren den Proteinauftragungspunkt bei der Zonenelektrophorese. Auf der rechten Seite der Abbildung: Ultrazentrifugationsanalysen: „G" = 7S Gammaglobulin, „GG" = aggregiertes 9S Gammaglobulin, „A" = 4,8S Protein (größtenteils Albumin)

Diskussion

Unsere Ergebnisse mit 3 verschiedenen LFT sind eine indirekte Bestätigung der von Bozsoky [3] publizierten Daten. Das Extrem auf der einen Seite ist die eigene Modifikation der Standardmethode, welche als sehr empfindlicher Nachweis für RF neben einem hohen Prozentsatz positiver Titer bei PCP jedoch auch sehr viele „falschpositiven" Resultate aufzeigt. Demgegenüber scheint das Latex-RF Reagens Behringwerke mit 18% weniger positiven Tests bei PCP zwar weniger empfindlich, aber infolge der erheblich niedrigeren „falschpositiven" Ergebnisse für die serologische Diagnose der PCP spezifischer als die beiden anderen Modifikationen des LFT. Der RA-Test der Firma Hyland nimmt eine Zwischenposition ein.

Zweifellos beeinflußt die technische Durchführung der jeweiligen Modifikation des LFT positive Resultate titermäßig. Die hohe Empfindlichkeit für RF unserer Modifikation beruht wenigstens teilweise darauf. Verantwortlicher Hauptfaktor für die so verschiedene Empfindlichkeit der vielfaltigen Modifikationen des LFT ist jedoch die zur Sensibilisierung der Kunststoffpartikel verwendete Gammaglobulinpräparation (GR).

Im folgenden Abschnitt soll daher die Funktion des zur Sensibilisierung der Latexpartikel verwandte GR im LFT näher betrachtet und mit unseren Ergebnissen verglichen werden. Hitzeaggregiertes oder chemisch denaturiertes Gammaglobulin zeigt eine hohe Affinität zum RF, welche wiederum von der Menge aggregierten Gammaglobulins und der Dauer der Denaturierung abhängt [7, 8]. Von dieser Art der Vorbehandlung des Gammaglobulins wird im Difco-Präparat Gebrauch gemacht, denn die Ergebnisse mit der Ultrazentrifuge zeigen deutlich, daß im Unterschied zu den beiden anderen von uns untersuchten GR ein erheblicher Teil als aggregiertes 9 S-Gammaglobulin vorliegt. Basierend auf Beobachtungen von Ishizaka und Ishizaka [9] haben wir übrigens die quantitative Komplementfixierung als empfindlichsten Nachweis für denaturiertes Gammaglobulin gefunden. Unsere Ergebnisse korrelierten gut mit den Resultaten der Ultrazentrifuge [10]. Die von uns in der Ultrazentrifuge untersuchten GR der Firma Hyland und der Behringwerke haben mit unserer Methode kein oder nur geringe Mengen aggregierten Gammaglobulins und besitzen daher weniger Affinität zum RF als das Difco-Präparat. Außerdem enthält das Behringwerke-GR noch Proteine, die als Schutzkolloide fungieren und die Latexsuspension stabilisieren. Es ist bekannt, daß vor allem Albumin und Fraktion V (Albumin, α- und β-Globuline) durch ihren stabilisierenden Effekt unspezifische Agglutinationen beim LFT verringern. Über Stabilisatoren und Inhibitoren bei RF-Tests wurde von Singer [11] und Deicher [12] zusammenfassend berichtet.

Auf Grund unserer Ergebnisse glauben wir die folgenden Schlüsse ziehen zu dürfen: 1) Es ist bekannt, daß RF keineswegs für PCP wirklich spezifisch ist. RF wird bei den verschiedensten Erkrankungen und sogar im normalen Serum gefunden [13]. Serum von Patienten mit PCP scheint jedoch allgemein höhere Titer aufzuweisen, und außerdem sind RF-Tests bei PCP am häufigsten positiv. Auf die verschiedene Sensibilität der von uns getesteten LFT angewendet bedeutet das aber: Soll ein für PCP weitgehend spezifischer Test gefunden werden, muß ein relativ unempfindlicher LFT benutzt werden. Der Behringwerke-Test würde uns hierfür geeignet erscheinen. Besteht jedoch Interesse an der Bestimmung von RF (Antigammaglobulin-G-Faktor oder -Faktoren) in Serum schlechthin, dann wird man auf eine Modifikation des LFT zurückgreifen müssen, bei welcher das GR reichlich aggregiertes Gammaglobulin enthält wie im Falle unseres modifizierten Standardtests.

2) In der vorliegenden Arbeit haben wir 3 regional und herstellungsmäßig verschiedene LFT miteinander verglichen. Die Verschiedenheit der zur Sensibilisierung der Latexpartikel verwandten GR ist einer der Hauptfaktoren für die erhebliche Diskrepanz unserer Resultate. Bei einer Standardisierung des LFT muß daher vor allem eine Standardisierung des GR erstrebt werden. Bei der Vielzahl der Präparate, der Verschiedenheit der Herstellung und Vorbehandlung dürfte das aber sehr schwer sein, jedoch würde eine nähere Charakterisierung des jeweiligen GR mit Hilfe von Zonenelektrophorese, Immunoelektrophorese und der analytischen Ultrazentrifuge Rückschlüsse auf die Sensibilität des verwandten LFT erlauben. Auf dieser Basis könnten schließlich die GR der verschiedenen Erzeuger, Firmen oder Forschungslaboratorien, einander weitgehend angeglichen werden. Damit wäre ein sehr wichtiger Schritt zu einer Standardisierung des LFT getan.

Literatur

[1] MÜLLER, W.: Die Serologie der chronischen Polyarthritis. Springer-Verlag, Berlin · Göttingen · Heidelberg 1962, 137–140.
[2] SINGER, J. M. u. C. M. PLOTZ: Am. J. Med. **21**, 888 (1956).
[3] BOZSOKY, S.: Arthritis Rheum. **6**, 641 (1963).
[4] AMERICAN RHEUMATISM ASSOCIATION: Bull. rheum. Dis. **14**, 339 (1964).
[5] BACH, G. L.: Am. J. clin. Path. (im Druck).
[6] SCHEIDEGGER, J. J.: Int. Archs Allergy. appl. Immun. **7**, 103 (1955).
[7] CHRISTIAN, C. L.: J. exp. Med. **108**, 139 (1958).
[8] EDELMAN, M., H. G. KUNKEL u. E. C. FRANKLIN: J. exp. Med. **108**, 105 (1958).
[9] ISHIZAKA, T. u. K. ISHIZAKA: Proc. Soc. exp. Biol. Med. **101**, 845 (1959).
[10] GRIEBLE, H. G., G. L. BACH, M. SZANTO, H. LEVINE u. T. O. ANDERSON: Rheumatoid factor in current perspective. Vorgetragen auf der 116. Annual Convention of the American Medical Association, Atlantic City, Juni 1967.
[11] SINGER, J. M.: Am. J. Med. **31**, 766 (1961).
[12] DEICHER, H.: Klin. Wschr. **39**, 612 (1961).
[13] KLEIN, F., H. A. VALKENBURG, T. L. VAN ZWET u. G. J. M. LAFEBER: Immunology **10**, 87 (1966).

Summary

G. BACH, H. GRIEBLE, R. ZSCHOCKE and T. ANDERSON: Consideration of the problem of standardization of the latex fixation test for the demonstration of the rheumatoid factor. 1. Comparsion of three different latex fixation tests with closer characterization of the gamma globulin „reactant"

Three different latex fixation tests were compared and showed an overall agreement of only 67%. These findings are in agreement with data published by BOZSOKY [3] according to which a positive RF-standard serum examined in 14 different laboratories showed differences in titer ranging from 1:64 to 1:20480. Further investigations revealed that the gamma globulin "reactant" used for coating of the latex particles is mainly responsible for the discrepant results. Closer characterization of the gamma globulin "reactant" using zone-electrophoresis, immunoelectrophoresis and the analytical ultracentrifuge is proposed. This is considered an important step toward standardization of the latex fixation test.

Резюме

Г. Бах, Г. Грибле, Р. Цшоке и Т. Андерсон: К проблеме о стандартизации латекс-фиксационного теста для определения ревматического фактора. I. Сравнение трех разных латекс-фиксационных тестов и более подробная характеристика гамма-глобулинового „реактанта",

Результаты трех ЛФТ совпадают лишь до 67%. Они подтверждают данные Бозоки, нашедшего, что заведомо положительная РФ сыворотка в 14 разных лабораториях титры варьируют в пределах от I:64 до 1:20480. Исследования показывают, что ГР, примененный для сензибилизации латексных частиц, в основном ответствен за расхождение результатов. Для более подробной характеристики ГР предлагаются методы зонального электрофореза, иммунного электрофореза и использование аналитической центрифуги, которые рассматриваются как важный шаг к стандартизации ЛФТ.

Addendum

Das bekannte Phänomen der Komplementbindung durch aggregiertes oder denaturiertes Immunoglobulin-G 9 wurde auf unsere drei GR angewendet. Nach der Methode von MAYER (in: KABAT, E. A. und M. M. MAYER: Experimental Immunochemistry. CHARLES C. THOMAS, Publisher, Springfield, 1961) ergab die Komplementbindungskapazität — gemessen als $C'H_{50}$ inaktiviert per mg Protein — folgende Werte: Hyland 31,7, 32,5 für das Behringwerke- und 144,0 für das Difco-Präparat. Demnach enthielten also alle drei Präparate aggregiertes oder denaturiertes, Komplement-bindendes Immunoglobulin-G. Das GR der Difco Laboratories, in Bestätigung der Ultrazentrifugenanalyse, enthielt jedoch fast 5mal soviel als die beiden anderen Präparate.

Acta biol. med. germ., Band 20, S. 241—246 (1968)

Aus der Medizinischen Fakultät der Universität von Illinois (Direktor: Prof. Dr. med. H. DOWLING), dem Hektoen Institut für Medizinische Forschung des Cook County Hospitals, Chicago, Illinois und dem Medizinisch-Diagnostischen Institut (Dr. med. F. HARTER), Heidelberg

Beitrag zum Problem der Standardisierung des Latex-Fixationstests zum Nachweis des Rheumafaktors

II. Künstliche Polymere verschiedener Größe und chemischer Struktur als Indikatoren beim Nachweis des Rheumafaktors

G. BACH, H. GRIEBLE, R. ZSCHOCKE, T. ANDERSON und F. HARTER[1]

(Eingegangen am 4. 9. 1967)

Zusammenfassung

An einem bekanntpositiven RF-Standardserum wurde der LFT mit Plastikpartikeln verschiedener Größe und chemischer Struktur durchgeführt. Erhebliche Titerunterschiede wurden gefunden. Die Ergebnisse zeigten, daß neben einer Standardisierung des Gammaglobulin-„Reaktant" eine Standardisierung der Plastikpartikel im LFT angestrebt werden soll, da Plastikpartikel im LFT biologisch wahrscheinlich nicht völlig inert sind.

Einleitung

Reaktionen zum Nachweis des RF im Serum und in anderen Körperflüssigkeiten werden immer häufiger zum Studium verschiedenster Krankheiten herangezogen [1—10]. Die technische Durchführung dieser Tests beruht bekanntlich auf der Verbindung des 19 S RF mit denaturiertem 7 S Humangammaglobulin oder verschiedenen Tiergammaglobulinen, die unspezifisch an die Oberfläche eines Indikators adsorbiert sind. Polystyrol-Latexpartikel haben sich neben Menschen- und Tiererythrozyten als Indikatoren am besten bewährt [11]. Daneben haben noch andere inerte Substanzen wie Bentonit [12], Kaolin [13], Metakrylester [14], Kollodium [15] und neuerdings sogar Kohlepartikel [16] als Indikatoren im LFT beim Nachweis des RF Verwendung gefunden.

In der vorliegenden Arbeit haben wir — in Anlehnung an das von BOZSOKY [17] aufgeworfene Problem der Standardisierung in der Serologie der chro-

[1] Die vorliegende Arbeit wurde vom Institut für Allergie und Infektionskrankheiten der U.S.A. unterstützt (United States Public Health Training Grant: 5-T1-A1-208) und während eines Fellowships des ersten Autors durchgeführt.

Abkürzungen: Rheumafaktor = RF; Latex-Fixationstest = LFT.

nischen Polyarthritis-Polystyrolpartikel verschiedener Fabrikate und Größe sowie andere Plastikpartikel verschiedener chemischer Struktur in ihrer Eigenschaft als Indikatoren im LFT untersucht. Bekanntlich führte obiger Autor die enormen Titerschwankungen eines bekanntpositiven RF-Standardserums in 14 Laboratorien auf das Gammaglobulin und die in Größe und Herstellung verschiedenen Polystyrolpartikel zurück.

Material und Methodik

Die von uns verwendeten Plastikpartikel sind mit chemischer Bezeichnung und Partikelgröße in der Tabelle 1 aufgeführt. Wir benutzten einheitlich 1%ige Suspensionen der verschiedenen Kunststoffpartikel in destilliertem Wasser mit Ausnahme des hochviskösen Polyisobutylen, welches als 0,5%ige Suspension verwendet wurde. Die Bacto-Polystyrolpartikel wurden von der Firma Difco Laboratories, Detroit, Michigan, alle anderen Kunststoffdispersionen von der Badischen Anilin- & Sodafabrik AG. (BASF)[2], Ludwigshafen am Rhein, bezogen. Die BASF-Kunststoffpartikeldispersionen enthielten eine kleine Menge (ca. 0,5%) des Natriumsalzes einer Alkylsulfonsäure als Stabilisator und waren mit 0,01% N-Nitroso-Zyklohexylhydroxylamin gegen Bakterienbefall geschützt. Der ursprüngliche Feststoffgehalt der BASF-Kunststoffpartikel schwankte zwischen 10 und 15%. Da bei der Durchführung des LFT aber diese BASF-Dispersionen 1000- bis 1500fach verdünnt wurden, glauben wir, die erwähnten Zusatzprodukte zur Stabilisation und gegen Bakterienbefall als einen modifizierenden Faktor der Ergebnisse vernachlässigen zu können.

Der LFT wurde von uns in der bereits beschriebenen Modifikation der Standardmethode nach SINGER und PLOTZ [11] durchgeführt [18]. Ein eigenes, bekanntpositives RF-Standardserum wurde verwendet, und der LFT mit allen Plastikpartikeln durchgeführt. Die folgenden Kontrollen wurden mit einbezogen: 1. sensibilisierte Plastikpartikel in Glykokoll-Kochsalzpuffer (Kontrolle 1); 2. sensibilisierte Plastikpartikel und ein bekanntes RF-negatives Serum (Kontrolle 2).

Ergebnisse

Die Tab. 1 zeigt unsere Ergebnisse. Die Bacto-Polystyrolpartikel zeigten einen höheren Endtiter als die an Größe (0,843 μ) vergleichbaren Partikel der BASF. Die restlichen BASF-Polystyroldispersionen verschiedener Größe konnten wir in ihren Agglutinationsstärken nicht allzudeutlich gegeneinander abgrenzen. Dagegen fielen Polymethakrylsäureester, Polyvinylidenchlorid, Polyvinyläther und Polyvinylchlorid deutlicher ab. Mit Polyisobutylen und Isopren konnten wir keine Agglutination beobachten. Polyvinylidenchlorid uneinheitlicher Größe (0,1—1,0) unterschied sich nicht wesentlich vom gleichen Präparat der einheitlichen Größe 0,4 μ. Das Kopolymerisat aus Vinylidenchlorid und Methakrylat schien dagegen bezüglich des hohen Agglutinationsendtiters und scharfen Endpunktes den anderen Kunststoffpartikeln leicht überlegen zu sein. Allgemein fanden wir die Agglutinationsendpunkte mit den Nicht-Polystyrolpräparaten etwas schärfer. Spontanagglutination der mit Gammaglobulin sensibilisierten Plastikpartikel wurde nicht beobachtet.

[2] Wir danken der Badischen Anilin- & Sodafabrik, Ludwigshafen am Rhein, für kostenlose Überlassung der Kunststoffpartikeldispersionen.

Tabelle 1

Plastikpartikel verschiedener Größe und chemischer Struktur als Indikatoren beim Latex-Fixationstest

Plastikpartikel	Größe in μ	20	40	80	160	320	640	1280	2560	5120	10240	20480	Kontrollen[1]	
		Reziproker Titer											1	2
Polystyrol Bacto	0,814	4+	4+	4+	4+	4+	4+	3+	2+	1+	—	—	—	—
Polystyrol BASF	0,843	4+	4+	4+	3+	2+	1+	—	—	—	—	—	—	—
Polystyrol BASF	0,670	4+	4+	4+	3+	2+	1+	1+	1+	—	—	—	—	—
Polystyrol BASF	0,423	4+	4+	4+	3+	2+	2+	2+	—	—	—	—	—	—
Polystyrol BASF	0,268	4+	4+	3+	3+	3+	2+	1+	—	—	—	—	—	—
Polystyrol BASF	0,162	4+	4+	3+	3+	2+	2+	1+	—	—	—	—	—	—
Polystyrol BASF	0,101	4+	4+	4+	4+	4+	3+	2+	1+	—	—	—	—	—
Polymethakrylsäureester	0,5	4+	4+	3+	2+	1+	1+	—	—	—	—	—	—	—
Polyvinylidenchlorid	0,4	4+	4+	3+	2+	1+	—	—	—	—	—	—	—	—
Polyvinyläther	2,0	4+	4+	3+	2+	—	—	—	—	—	—	—	—	—
Polyvinylchlorid	0,5	4+	2+	1+	—	—	—	—	—	—	—	—	—	—
Polyisobutylen	0,5	—	—	—	—	—	—	—	—	—	—	—	—	—
Isopren	0,5	—	—	—	—	—	—	—	—	—	—	—	—	—
Polyvinylidenchlorid	0,1 — 1,0	4+	4+	3+	3+	2+	1+	—	—	—	—	—	—	—
Kopolymerisat aus Vinylidenchlorid und Methylakrylat	0,1 — 0,2	4+	4+	4+	4+	4+	4+	4+	3+	2+	1+	1+	—	—

— = negativ, keine makroskopisch sichtbare Agglutination.
[1] Legende für Kontrolle 1 und 2 siehe Text.

Diskussion

Die höchsten Agglutinationstiter wurden mit den Polystyrolsuspensionen und dem Kopolymerisat aus Vinylidenchlorid und Methakrylat beobachtet. Die vergleichbaren Polystyrolpartikel Difco und BASF waren unterschiedlich, denn das Difco-Präparat ergab einen höheren Titer. Dieser Befund korreliert mit der Erfahrung von GREENBURY [19], welcher über die Überlegenheit einer amerikanischen Polystyrol-Latexsuspension gegenüber einem vergleichbaren britischen Präparat berichtete. COKE [20] fand Spontanagglutination mit der britischen Latexsuspension. Dagegen berichteten PAYNE [21] und BURBY und BEHR [22] über gute und dem amerikanischen Präparat vergleichbare Ergebnisse mit dem britischen Polystyrol-Latex, wenn sie die Konzentration veränderten. SINGER und PLOTZ [11] fanden Polystyrolpartikel der Größe 0,77, 0,81, 0,82 und 0,98 μ als geeignete Indikatoren im LFT. Dagegen fanden die gleichen Autoren Partikel kleiner als 0,59 μ ungeeignet, da sie verspätet reagierten und sich schlecht zentrifugieren ließen. In unseren Experimenten mit verschieden großen Polystyrolpartikeln der BASF war dies nicht der Fall. Übrigens wurden von SINGER et al. [23] mit 0,2 μ Polystyrolpartikeln später gute Resultate erzielt.

WINBLAD [14] berichtete 1960 über die Verwendbarkeit von Polymethyl-Methakrylpartikeln und verglich den neuen „Akrylfixationstest“ mit der Hämagglutination sensibilisierter Hammelblutkörperchen und dem LFT nach SINGER und PLOTZ [11]. Die Übereinstimmung bei Patienten mit chronischer Polyarthritis betrug 70 bis 75%. Der gleiche Autor stellte fest, daß im Akrylfixationstest der Unterschied zwischen positiven und negativen Resultaten schärfer war als im LFT mit den Polystyrolpartikeln. Diese Beobachtung wurde von uns bei allen Nicht-Polystyrolpartikeln gemacht.

Unsere Ergebnisse zeigen, daß neben dem Gammaglobulin-„Reaktant“ auch die verwendeten Plastikpartikel zum Unterschied in Agglutinationstiter und Agglutinationsschärfe im LFT beitragen. Diese Unterschiede hängen ab von der chemischen Struktur der Partikel und bei Plastikpartikeln gleicher Struktur aber verschiedener Fabrikate wahrscheinlich von Differenzen im Herstellungsverfahren. Stimmt man mit der Ansicht von BERNHARD et al. [24] überein, nach welcher die Sensibilisierung der Plastikpartikel mit Gammaglobulin-„Reaktant“ wahrscheinlich zusätzliche reaktive Seitengruppen des Gammaglobulinmoleküls exponiert, dann darf angenommen werden, daß Latexpartikel als Indikatoren im LFT biologisch nicht völlig inert sind. Vielmehr würden sich in diesem Sinne unsere unterschiedlichen Ergebnisse am gleichen Serum, mit demselben Gammaglobulin-„Reaktant“, jedoch mit verschiedenen Plastikpartikeln erklären lassen. Auf Grund dieser Ergebnisse glauben wir, daß neben einer Standardisierung des Gammaglobulin-„Reaktant“ auch eine Standardisierung der zu verwendenden Plastikpartikel angestrebt werden soll.

Literatur

[1] SINGER, J. M.: Am. J. Med. **31**, 766 (1961).
[2] DRESNER, E. u. P. TROMBLY: New Engl. J. Med. **261**, 981 (1959).
[3] ARON, E., R. VARGUES u. P.-L. LECHEVALLIER: Presse méd. **69**, 54 (1961).
[4] GRIEBLE, H. G., G. L. BACH, H. SPIESS u. T. O. ANDERSON: Clin. Res. **14**, 340 (1966).
[5] CATHCART, E. S., R. C. WILLIAMS, H. ROSS u. E. CALKINS: Arthritis Rheum. **3**, 436 (1960).
[6] SINGER, J. M., F. M. PERALTA, H. D. LYONS u. C. M. PLOTZ: Arthritis Rheum. **4**, 124 (1961).
[7] KUNKEL, H. G., H. J. SIMON u. H. FUDENBERG: Arthritis Rheum. **1**, 289 (1958).
[8] BACH, G. L., H. G. GRIEBLE u. T. O. ANDERSON: Clin. Res. **13**, 284 (1965).
[9] HARTER, F.: Z. Rheumaforsch. **18**, 150 (1959).
[10] BLAND, J. H. u. L. G. CLARK: Arthritis Rheum. **5**, 102 (1962).
[11] SINGER, J. M. u. C. M. PLOTZ: Am. J. Med. **21**, 888 (1956).
[12] BOZICEVICH, J., J. J. BUNIM, J. FREUND u. S. B. WARD: Proc. Soc. exp. Biol. Med. **97**, 180 (1958).
[13] WINBLAD, S.: Acta rheum. scand. **9**, 81 (1963).
[14] WINBLAD, S.: Acta path. microbiol. scand. **49**, 499 (1960).
[15] ZAVAZAL, V. u. J. LAVICKA: Z. Rheumaforsch. **21**, 463 (1962).
[16] GOTTLIEB, C. W., K.-S. LAU u. V. HERBERT: Clin. Res. **13**, 287 (1965).
[17] BOZSOKY, S.: Arthritis Rheum. **6**, 641 (1963).
[18] BACH, G., H. GRIEBLE, R. ZSCHOCKE u. T. ANDERSON: Acta biol. med. germ. **20**, 233 (1968).
[19] GREENBURY, C. L.: Lancet II, 1374 (1958).
[20] COKE, H.: Ann. rheum. Dis. **18**, 301 (1959).
[21] PAYNE, R. B.: J. clin. Path. **14**, 309 (1961).
[22] BURBY, G. u. G. BEHR: Lancet I, 1209 (1959).
[23] SINGER, J. M., I. ORESKES, F. HUTTERER u. J. ERNST: Arthritis. Rheum. **5**, 122 (1962).
[24] BERNHARD, G. C., W. CHENG u. D. W. TALMAGE: J. Immun. **88**, 750 (1962).

Anschriften der Autoren: Dr. med. habil. GERHARD BACH, Chief, Rheumatology Research, University of Illinois, Department of Medicine, Chicago; Prof. Dr. med. HANS GRIEBLE, Chief, Section of Infectious Diseases and Clinical Immunology, V.A. Hines Hospital, Illinois; RAINER ZSCHOCKE, Chief Technician in Immunochemistry, University of Illinois-Division at Cook County Hospital, Hektoen Institut for Medical Research, Chicago; Prof. Dr. med., Dr. phil. TRUMAN ANDERSON, Director of Clinical Immunology, University of Illinois-Division at Cook County Hospital, Hektoen Institut for Medical Research, Chicago; Dr. med. FRANZ HARTER, Facharzt für Innere Medizin, Direktor des Medizinisch-Diagnostischen Instituts Heidelberg.

Summary

G. BACH, H. GRIEBLE, R. ZSCHOCKE, T. ANDERSON and F. HARTER: Consideration of the problem of standardization of the latex fixation test for the demonstration of the rheumatoid factor. 2. The use of artificial polymers of different size and chemical structure as indicators in the latex fixation test

The latex fixation test was done on a known positive RF-standard serum using plastic particles of different size and chemical structure. Marked differences in titers were noted. Plastic particles in the latex fixation test are probably not entirely biologically inert. Therefore it was concluded that in addition to standardization of the gamma globulin "reactant" standardization of the plastic particles should be done.

Резюме

Г. Бах, Г. Грибле, Р. Цшоке, Т. Андерсон и Ф. Хартер: К проблеме о стандартизации латекс-фиксационного теста для определения ревматического фактора. 2. Искусственные полимеры разной величины и химической структуры в качестве индикаторов при определении ревматического фактора.

На заведомо положительной РФ стандартной сыворотке проводился ЛФТ пластиковыми частицами разной величины и химической структуры. Найдены значительные отличия в тирах. результаты показывают, что кроме стандартизации гамма-глобулинового ,,реактанта" следует стремиться к стандартизации пластиковых частиц, так как последние в ЛФТ очевидно биологически не совсем инертны.

Kurzmitteilungen

Acta biol. med. germ., Band 20, Seite 247—249 (1968)

Aus dem Institut für Allgemeine und Spezielle Pathologie der Universität Rostock
(Direktor: Prof. Dr. med. habil. A. BIENENGRÄBER)

Histochemische und histologische Untersuchungen auf zytostatische Wirksamkeit mit einigen vom 1.4-Dinitrobutan abgeleiteten C-Mannichbasen und 5-Nitro-tetrahydro-1.3-oxazinen

B. ERNST, D. TESSMANN und G. REMBARZ

(Eingegangen am 9. 10. 1967)

Neben anderen Aminoalkylverbindungen [1, 2] wurde auch für N-Mannichbasen von Heterozyklen eine bemerkenswerte zytostatische Aktivität gefunden [3], die man auf den alkylierenden Charakter dieser Verbindungen zurückführte. Es erschien daher naheliegend, die von uns erstmalig dargestellten, vom 1.4-Dinitrobutan abgeleiteten C-Mannichbasen [4] auf alkylierende Eigenschaften und damit auf eine mögliche zytostatische Aktivität zu testen. Zu den Untersuchungen wurden auch die von uns erstmalig synthetisierten 1.2-Bis-[5′(5′-nitro-hexahydropyrimidyl)]äthane und 1.2-Bis-[5′(5′-nitro-tetrahydro-1′.3′-oxazinyl)]äthane herangezogen [5], die auf Grund ihrer Tendenz zur hydrolytischen Ringspaltung ebenfalls alkylierende Eigenschaften erwarten ließen, zumal neben anderen Verbindungen aus der 1.3-Oxazin-Reihe [6, 7] vor allem auch die 5-Nitro-tetrahydro-1.3-oxazine [8, 9] karzinostatische Effekte gezeigt hatten. Wir zogen dabei auf Grund des bifunktionellen Charakters der von uns verwendeten Substanzen eine Wirksamkeitssteigerung in Betracht, da uns unter den gegebenen Bedingungen eine alkylierende Vernetzung zweier DNS-Stränge möglich erschien.
Zur Prüfung der alkylierenden Eigenschaften unserer Verbindungen unter möglichst physiologischen Bedingungen untersuchten wir ihren Einfluß auf die alkylierungsempfindlichen, SH-Gruppen tragenden Enzyme. Wir bedienten uns dabei der histochemischen Nachweismethoden von ABE und SHIMIZU [10] für die Aldolase sowie von HESS und Mitarbeitern [11] für die Glyzerophosphatdehydrogenase. Getestet wurden die folgenden Verbindungen in Form ihrer Hydrochloride:

1.6-Bis-(piperidino)-2.5-dinitro-hexan; 1.6-Bis-(morpholino)-2.5-dinitrohexan; 1.2-Bis-[5'(5'-nitro-1'.3'-dibutyl-hexahydro-pyrimidyl)]äthan; 1.2-Bis-[5'(5'-nitro-3'-butyl-tetrahydro-1'.3'-oxazinyl)]äthan.
Den Inkubationsansätzen wurde das jeweilige Hydrochlorid in einer Konzentration von 10^{-4} bis 10^{-3} M zugesetzt. Die Reaktion wurde an Gewebsschnitten von Herz, Leber und Niere der Ratte durchgeführt. Die Enzymreaktion zeigte im visuell-optischen Vergleich zu einer Normalreaktion in keinem Fall eine erkennbare Hemmung. Ein auf alkylierende Wirkung beruhender zytostatischer Effekt war damit ausgeschlossen.
Da URBANSKI und Mitarbeiter [8, 9] für 5-Nitro-tetrahydro-1.3-oxazine einen ausgeprägten karzinostatischen Effekt nachweisen konnten, testeten wir 1.2-Bis-[5'(5'-nitro-3'-butyl-tetrahydro-1'.3'-oxazinyl)]äthan zusätzlich an Transplantationstumoren der Ratte. Die Prüfung erfolgte mit histologischer Methodik am WALKER-Karzinom, am GUERIN-Tumor sowie am JENSEN-Sarkom.[1]
Den 140—160 g schweren Ratten eines Wistarstammes wurde 10—20 Tage vor dem Test Material des jeweiligen Tumors s.c. überpflanzt. In diesem Zeitraum entwickelte sich an der Transplantationsstelle ein etwa pflaumengroßer Tumor. Je 5 Ratten jeder Tumorserie erhielten eine einmalige i. p. Injektion von 80 mg in 3 ml physiologischer Kochsalzlösung aufgenommenem 1.2-Bis-[5'(5'-nitro-3'-butyl-tetrahydro-1'.3'-oxazinyl)]äthan-dihydrochlorid (die letale Dosis wurde in Vorversuchen für Ratten mit entsprechendem Körpergewicht zu 110—120 mg ermittelt). Die histologische Untersuchung wurde 4 Tage nach der Injektion vorgenommen. Sie ergab bei keinem der 3 Tiertumoren einen Hinweis auf einen zytostatischen Effekt der verwendeten Substanz. Es fanden sich im Vergleich zu Kontrolltumoren keine umfangreicheren Nekrosen und keine auffällige Verringerung der Mitoserate. Fernerhin waren typische Schädigungsmerkmale an der Tumorzelle (Hydropie, Kernanomalien), wie sie bei vergleichbarer Behandlung mit wirksamen Zytostatika (z. B. Zyklophosphamid) zu beobachten sind [12, 13], nicht nachweisbar.

Literatur

[1] SCHÖNBERGER, H. u. A. ADAM: Arzneimittel-Forsch. **14**, 1168 (1964).
[2] SCHÖNBERGER, H. u. A. ADAM: Arzneimittel-Forsch. **15**, 30 (1965).
[3] WEITZEL, G., F. SCHNEIDER, K. SEYNSCHE u. H. FINGER: Hoppe-Seyler's Z. physiol. Chem. **336** 107 (1964).
[4] REMBARZ, G. u. B. ERNST: Z. Chemie, Lpz. **7**, 228 (1967).
[5] REMBARZ, G. u. B. ERNST: J. prakt. Chem. (im Druck).
[6] URBANSKI, T., Cz. RADZIKOWSKI, Z. LEDOCHOWSKI u. W. CZARNOCKI: Nature, Lond. **178**, 1351 (1956).
[7] LEONARDI, A.: Boll. Soc. ital. Biol. sper. **35**, 796 (1959).

[1] Herrn Prof. Dr. A. GRAFFI, Direktor des Instituts für Krebsforschung, experimenteller Bereich, der Deutschen Akademie der Wissenschaften zu Berlin, sind wir für die Überlassung der Tiertumoren zu Dank verpflichtet.

[8] URBANSKI, T., D. GÜRNE, S. SLOPEK, H. MODARSKA u. M. MODARSKI: Nature, Lond. **187**, 426 (1960).
[9] SLOPEK, S., H. MODARSKA, M. MODARSKI, T. URBANSKI u. D. GÜRNE: Bull. Acad. pol. Sci. Sér. Sci. chim. **6**, 631 (1958).
[10] ABE, T. u. N. SHIMIZU: Histochemie **4**, 209 (1964).
[11] HESS, R., D. G. SCARPELLI u. A. G. E. PEARSE: J. biophys. biochem. Cytol. **4**, 753 (1958).
[12] GRUNDMANN, E., H. KRÖGER u. H. HOLZER: Klin. Wschr. **38**, 546 (1960).
[13] BIENENGRÄBER, A., H.-P. PUTZKE u. D. TESSMANN: Z. Krebsforsch. **66**, 438 (1965).

Anschrift: Dipl.-Chem. Dr. B. ERNST, Abteilung für Pathochemie, Institut für Allgemeine und Spezielle Pathologie der Universität Rostock, 25 Rostock, Strempelstraße 14

Acta biol med. germ., Band 20, S. 251—252 (1968)

Aus dem Pathologischen Institut (Direktor: OMR Dr. med. P. Scheid) und dem Chemischen Zentrallaboratorium (Leiter: Doz. Dr. rer. nat. habil. M. Büchner) des Bezirkskrankenhauses Dresden-Friedrichstadt und dem Institut für Biochemie und Lebensmittelchemie der Technischen Universität Dresden
(Direktor: Prof. Dr. rer. nat. habil. U. Freimuth)

Glukose, Laktat und Laktatdehydrogenase der Interstitialflüssigkeit von Ratten mit Yoshida-Sarkom

P. Scheid, M. Büchner, V. Richter und U. Freimuth

(Eingegangen am 20. 10. 1967)

Maligne Geschwülste üben vielfältige Wirkungen auf das Nachbargewebe und den gesamten Organismus aus. Stoffwechselprodukte der Tumorzellen verändern u. a. die terminale Strombahn von Impfgeschwülsten [5]. Hierbei kommt der Milchsäure eine besondere Rolle zu. Diese ruft eine Kapillarsprossung mit Proliferation von Bindegewebszellen hervor [6]. Um das mögliche Ausmaß dieser Beeinflussung zu klären und zur Charakterisierung des Milieus der Krebszellen beizutragen sowie einige biochemische Auswirkungen des Tumorwachstums auf den Wirtsorganismus zu ermitteln, wurde interstitielle Flüssigkeit vom Yoshida-Sarkom gewonnen. Die Untersuchungen erstreckten sich auf den Gehalt an Glukose, Laktat und Laktatdehydrogenase.

Methodik

Interstitielle Flüssigkeit läßt sich durch Einbringen von Filterkammern in das Gewebe sammeln [4]. Zur kontinuierlichen Drainage interstitieller Flüssigkeit von Wistar-Ratten wurden Filterkammern benutzt, die aus einem Glasring (Höhe 5 mm, äußerer Durchmesser 16 mm, innerer Durchmesser 14 mm) bestehen, in dessen beide Seiten je ein 1,5 mm dickes Glasfilter (Porenweite 0,7—1,5 μ) des VEB Jenaer Glaswerke „Schott & Gen." eingeschmolzen ist. Am Glasring befindet sich ein Abflußstutzen, durch den die interstitielle Flüssigkeit kontinuierlich abgeleitet werden kann. Die Gewinnung der Flüssigkeit, die sofort nach Verlassen des Tieres gekühlt wurde, erfolgte gleichzeitig aus dem soliden Yoshida-Sarkom und dem subkutanen Gewebe der Regio scapularis ein und desselben Tieres. Weiterhin wurde zu vergleichsweisen Untersuchungen interstitielle Flüssigkeit gesunder Tiere, Yoshida-Aszites-Flüssigkeit und Serum gewonnen. Zur Analyse kam die Flüssigkeit, die zwischen dem 5. und 7. Tag nach Transplantation des Tumors die Filterkammer verließ.
Die Bestimmung der Glukose erfolgte mit Glukoseoxydase und Peroxydase [1], die der Milchsäure mittels Laktatdehydrogenase und NAD [2] und die Bestimmung der Laktatdehydrogenase (EC 1.1.1.27) im optischen Test [3].

Ergebnisse

Die interstitielle Flüssigkeit des Yoshida-Sarkoms und die Yoshida-Aszites-Flüssigkeit weisen den gleichen extrem niedrigen Glukosegehalt auf (3 mg pro 100 ml), bedingt durch den großen Glukosebedarf der Tumorzellen

Tabelle 1
Mittelwerte der Glukose- und Laktatkonzentrationen sowie der Laktatdehydrogenaseaktivitäten in der Interstitialflüssigkeit

	Glukose (mg/100 ml)	Laktat (mval/l)	Laktatdehydrogenase (Internat. Einheiten/l)
Normale Ratten	83 ± 15 n = 24	5,8 ± 2,2 n = 25	1800 ± 1040 n = 26
Tumortragende Ratten	72 ± 14 n = 15	9,0 ± 2,4 n = 15	3000 ± 1030 n = 15
YOSHIDA-Sarkom	3 ± 3 n = 19	13,6 ± 2,7 n = 18	8900 ± 5200 n = 19

(n = Anzahl der Proben)

(Tab. 1). Mit 83 ± 15 mg/100 ml liegt der Glukosespiegel der Interstitialflüssigkeit gesunder Tiere niedriger als im Serum dieser Ratten (149 ± 21 mg pro 100 ml). Tragen die Tiere ein solides YOSHIDA-Sarkom, zeigt sich eine mit einer Irrtumswahrscheinlichkeit $P = 5\%$ statistisch signifikant Erniedrigung der Glukosekonzentration dieser Flüssigkeit auf 72 ± 14 mg pro 100 ml. Diese Beobachtung steht mit der Tatsache in Zusammenhang, daß der Glukosespiegel im Serum der Ratten mit YOSHIDA-Sarkom (74 ± 34 mg pro ml) gegenüber dem Serum gesunder Tiere beträchtlich reduziert ist.
Die Interstitialflüssigkeit des YOSHIDA-Sarkoms besitzt eine sehr hohe Laktatkonzentration. Auch der Laktatspiegel der normalen interstitiellen Flüssigkeit tumortragender Ratten ist gegenüber den Kontrolltieren signifikant erhöht. Die Glykolyse der Tumorzellen bedingt eine hohe Milchsäurekonzentration in der Geschwulst. Das führt zum Anstieg des Milchsäurespiegels im gesamten Extrazellularraum des Wirtsorganismus, d. h. sowohl im Blut als auch in der „normalen" interstitiellen Flüssigkeit.
Die Laktatdehydrogenase-Aktivität nimmt in folgender Reihenfolge ab: Interstitialflüssigkeit des Tumors — interstitielle Flüssigkeit des subkutanen Gewebes tumortragender Tiere — Interstitialflüssigkeit gesunder Ratten. Als zytoplasmatisches Enzym wird Laktatdehydrogenase in hohem Maße von Tumorzellen abgegeben. Diese Enzymfreisetzung spiegelt sich nicht nur in der Interstitialflüssigkeit der Geschwulst und im Blut, sondern auch in der normalen interstitiellen Flüssigkeit YOSHIDA-Sarkom tragender Ratten wider.

Literatur

[1] SLEIN, M. W. in: Methoden der enzymatischen Analyse. H. U. BERGMEYER (Hrsg.), S. 123. Verlag Chemie, Weinheim/Bergstraße 1962.
[2] HOHORST, H.-J. in: Methoden der enzymatischen Analyse. H. U. BERGMEYER (Hrsg.), S. 266. Verlag Chemie, Weinheim/Bergstraße 1962.
[3] BERGMEYER, H. U., E. BERNT u. B. HESS in: Methoden der enzymatischen Analyse. H. U. BERGMEYER (Hrsg.), S. 736. Verlag Chemie, Weinheim/Bergstraße 1962.
[4] GULLINO, P. M., S. H. CLARK u. F. H. GRANHTAM: Cancer Res. **24**, 780 (1964).
[5] SCHEID, P.: Verh. dt. Ges. Path. **42**, 471 (1958).
[6] SCHEID, P.: Naturwissenschaften **46**, 174 (1959).

Acta biol. med. germ., Bd. 20, S. 253—254 (1968)

Institut für Ernährung der Deutschen Akademie der Wissenschaften zu Berlin Potsdam-Rehbrücke (Direktor Prof. Dr. H. Haenel) und
Institut für Ernährungsforschung, Prag 4, ČSSR (Direktor: Prof. Dr. J. Mašek)

Aktivität der Pankreasenzyme in Abhängigkeit von der Frequenz der Nahrungsaufnahme bei Ratten

G. Pose, P. Fábry und H.-A. Ketz

(Eingegangen am 23. 10. 1967)

Die Frequenz der Nahrungsaufnahme beeinflußt den Stoffwechsel bei Mensch und Tier [1, 2]. Bei Ratten, die „stoßweise" gefüttert werden, z. B. täglich nur 2 Std. oder 3mal wöchentlich, wurde u. a. eine Magen- und Dünndarmhypertrophie beschrieben [3, 4, 5] sowie auch eine erhöhte Glukose- [6, 7] und Fettresorption aus dem Dünndarm und erhöhte Aktivität einiger Enzyme der Dünndarmschleimhaut [8]. Über den Einfluß einer solchen Ernährungsweise auf die exokrine Pankreasfunktion lagen bisher keine Angaben vor. Die von uns durchgeführten Versuche, über deren Ergebnisse wir hier berichten, zeigten, daß eine „stoßweise" Fütterung zur Erhöhung der Pankreasenzymaktivitäten führt.

100 g schwere weibliche Wistarratten (Zucht Rehbrücke) wurden 4 Monate lang so gefüttert, daß sie nur 2 Std. täglich Zutritt zum Futter hatten (08.00—10.00 Uhr). Am Ende der Versuchsperiode wurden diese Tiere (Durchschnittsgewicht 217 $\pm$ 4,6 g) wie auch die ad libitum gefütterten Kontrolltiere (Durchschnittsgewicht 270 $\pm$ 5,1 g) nach 24stündigem Hungern durch Dekapitierung getötet und in deren Pankreas die Protease- [9], Lipase- [10] und Amylaseaktivität [11] bestimmt. Aus der Tab. 1 geht hervor, daß bei den 2 Std. täglich gefütterten Ratten die Amylaseaktivität um 51%, die Proteaseaktivität um 20% und die Lipaseaktivität um 13% höher lag als bei den Kontrolltieren. Die Differenzen zwischen den beiden Gruppen sind statistisch signifikant.

Die durch zeitweilige Begrenzung der Nahrungsaufnahme hervorgerufene periodische Hyperphagie führt zu morphologischen und funktionellen Veränderungen des Verdauungssystems, die es ermöglichen, innerhalb einer kurzen Zeit eine große Menge Nahrung aufzunehmen und zu verarbeiten [1—8]. Die von uns gefundene Steigerung der Pankreasenzymaktivitäten läßt sich gut in diesen Komplex der Adaptationsphänomene einordnen. Im Übereinklang hiermit steht auch der relativ höhere Anstieg der Amylaseaktivität, da hier die Nahrung (standarde Laboratoriumsdiät) zum größten Teil aus Kohlenhydraten bestand.

Tabelle 1
Enzymaktivität im Pankreas ad libitum und 2 Std. täglich gefütterter Ratten

Fütterung	Protease[1]	Lipase[2]	Amylase[3]
ad libitum	1,68 ± 0,10 $N = 13$	44,2 ± 1,8 $N = 10$	1193 ± 77,5 $N = 13$
2 Std./Tag	2,01 ± 0,09 $p < 0,05$ $N = 14$	50,0 ± 1,5 $p < 0,05$ $N = 9$	1822 ± 124,5 $p < 0,01$ $N = 14$

[1] 100 mg Pankreas werden mit 0,1 M Phosphatpuffer, *p*H 7,8, homogenisiert, auf 15 ml gebracht, davon 10 ml mit 1 ml 0,1% Trypsinlösung 1 Std. bei 37 °C aktiviert und im Verhältnis 2:3 mit Wasser verdünnt. Anschließend wird 1 ml aktiviertes Homogenat mit 1 ml Substrat (Nitrokasein) 30 min bei 37 °C inkubiert, die Reaktion durch 3 ml TCE gestoppt und nach Filtration die Extinktion bei 360 nm gemessen, die entsprechenden Leerwerte abgezogen und die Aktivität in Extinktion/mg Protein angegeben.
[2] 0,2 ml Pankreasfiltrat (40 mg Pankreaspulver + 20 ml Glyzerin–Wasser-Gemisch 1:1) werden 1 Std. bei 37 °C mit 0,6 ml Fettemulsion (20 ml Olivenöl, 100 ml M/15 Phosphatpuffer, *p*H 7,6, 6 g Gummi arabicum, 240 mg Na-Benzoat) inkubiert, die Reaktion mit 20 ml Äthanol gestoppt, abfiltriert und mit n/20 NaOH gegen Thymolphthalein titriert. Die Aktivität wird in μMol freigesetzter Fettsäure angegeben.
[3] 100 mg Pankreas werden mit 0,1 M Phosphatpuffer, *p*H 7,8, homogenisiert, auf 15 ml gebracht, die zentrifugierte Enzymlösung auf 1:2500 verdünnt und mit 1 ml Substrat [11] 1 Std. bei 37 °C inkubiert, dann die Reaktion mit 2 ml 3,5-Dinitrosalizylsäurereagenz gestoppt, 10 min gekocht, abgekühlt, mit Wasser auf 25 ml aufgefüllt, in 2 cm Küvetten bei 530 nm die Extinktion gemessen, die Werte mit einer Eichkurve verglichen und die Aktivität in mg freigesetzter Maltose/mg Protein/Std. ausgedrückt.
N = Anzahl der Proben

Literatur

[1] Round-Table-Discussion: Zeitfaktoren der Appetitregulation, Mahlzeitfolge. VII. Internationaler Ernährungskongreß, Hamburg 1966.
[2] Fábry, P. in: Handbook of Physiology, Alimentary Canal I. American Physiological Society, Washington, D.C. (im Druck).
[3] Holečková, E. u. P. Fábry: Br. J. Nutr. **13**, 260 (1959).
[4] Fábry, P. u. V. Kujalová: Dt. Z. Verdau.- u. StoffwechsKrankh. **20**, 295 (1960).
[5] Fábry, P. u. V. Kujalová: Naturwissenschaften **15**, 373 (1958).
[6] Tepperman, J. u. H. M. Tepperman: Am J. Physiol. **193**, 55 (1958).
[7] Kujalová, V. u. P. Fábry: Physiologia bohemoslov. **4**, 33 (1960).
[8] Lojda, Z. u. P. Fábry: Acta histochem. **8**, 289 (1959).
[9] Pechmann, E. V.: Biochem. Z. **321**, 248 (1950).
[10] Cherry, J. S. u. L. A. Crandall: Am. J. Physiol. **100**, 266 (1932).
[11] Dahlqvist, A.: Biochem. J. **78**, 282 (1961).

Acta biol. med. germ, Band 20, Seite 255—257 (1968)

Aus dem Physiologischen Institut der Medizinischen Akademie Magdeburg
(Direktor: Prof. Dr. med. habil. W. KALKOFF)
Spezialabteilung für Biophysik und Elektrophysiologie der Zelle.

Eine Kammer zur Messung von Membranpotentialen in Zellkulturen

K. REDMANN und D. MOSCHCAU

(Eingegangen am 30. 10. 1967)

Die Bedeutung der intrazellulären Messung von elektrischen Membranpotentialen in Zellkulturen unter Variation äußerer Parameter liegt in der Unabhängigkeit von nervösen und humoralen Einflüssen [8, 9]. Darüber hinaus ist sowohl ein Vergleich des Membranpotentials von Zellen im Gewebe in vivo mit der Zellkultur [6, 7] sowie die Verteilung des Potentials innerhalb der Kultur [4] als auch die Messung der Potentialdifferenzen zwischen Zellkern und Zytoplasma [2, 5] von Interesse. Die im folgenden beschriebene Meßkammer dient zur Messung von Membranpotentialen mit Ultramikroelektroden aus Glas nach LING und GERARD [1] an lebenden Zellen in der Deckglaskultur unter mikroskopischer Kontrolle (Phasenkontrastmikroskopie) der Zellpunktion.

An eine solche Meßkammer müssen verschiedene Forderungen gestellt werden: Thermostatisierung und Temperaturvariation etwa zwischen 10 und 46 °C; Rasche Temperatureinstellung; Keine Behinderung des abbildenden Strahlenganges; Keine Verbindung des Nährmediums mit Metall (Elementbildung); Feuchtigkeitskonstanz, d. h. „feuchte" (also geschlossene) Kammer; Ortsfeste Lage des Zellträgers; Anschluß an den Kreuztisch mit Feintrieb des Mikroskopes zur einwandfreien Führung des Zellträgers.
Ein äußerer Metallmantel (9) (Abb. 1) wird von einem Flüssigkeitsthermostaten durchströmt (6) und hält auf Grund seiner großen Wärmekapazität den Kammerinnenraum auf konstanter Temperatur. In diese äußere Kammer können auswechselbar die inneren Kammern (7) zur Aufnahme der Zellkulturen eingesetzt werden. Die inneren Kammern müssen neben guter Wärmeleitfähigkeit die Forderung erfüllen, mit der Nährlösung (Elektrolyt!) kein Element zu bilden. Sehr günstig erwies sich eine Kammer aus Kupfer, deren Boden (7a) aus Piakryl gefertigt ist. Dadurch ist die Kammer nach unten (d. h. in Richtung Kondensor) wärmeisoliert und der Strahlengang wird nicht behindert. Die inneren Wandungen der Kammer sind mit einer dünnen Schicht Piakrylkleber (Piakoll K 2) überzogen, der die Wärmeleit-

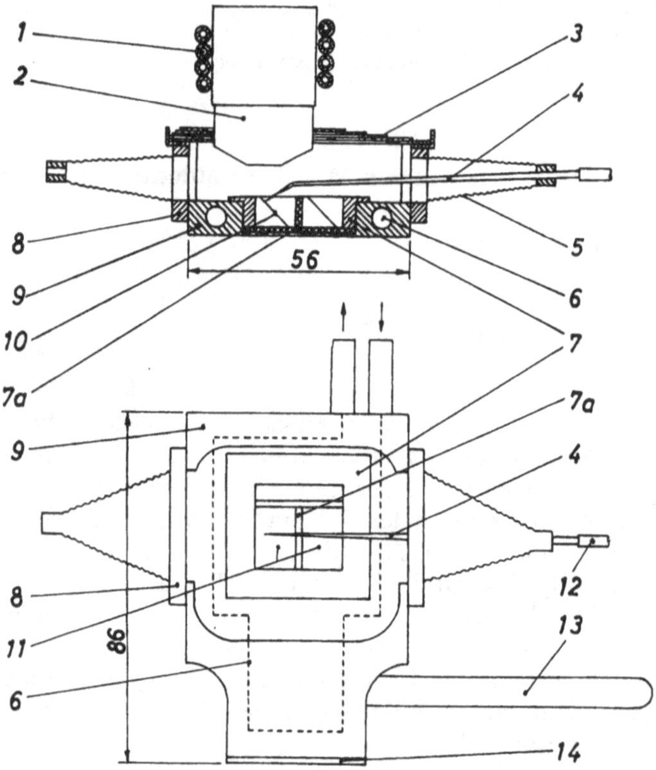

Abb. 1. Querschnitt (oben) und Aufriß (unten) einer feuchten, thermostatisierten Experimentierkammer zur Messung von Membranpotentialen in Zellkulturen mit Hilfe eines Mikromanipulators und unter mikroskopischer Kontrolle.
1 = Objektivbeheizung; 2 = Objektiv; 3 = Kammerdeckel mit verschiebbaren Lamellen; 4 = Mikroelektrode; 5 = Gummimanschette; 6 = Wasserumlauf; 7 = Innere Kammer aus Kupfer; 7a = Kammerzwischenwände und Boden aus Piakryl; 8 = abnehmbarer Rahmen für Manschettenbefestigung; 9 = Äußere Metallkammer (thermostatisiert durch Wasserumlauf (6)); 10 = Zellträger in Schrägstellung; 11 = Isolierte Kammerabteilungen für Medium und Zellträger; 12 = Verbindung zum Werkzeugträger des Mikromanipulators und Anschluß an den Gleichspannungsverstärker; 13 = Kontroll- bzw. Kontaktthermometer; 14 = Verbindung zum Kreuztisch des Mikroskopes

fähigkeit nur unwesentlich beeinflußt, jedoch den Kontakt zwischen der Badflüssigkeit und dem Metall verhindert.

Die Kammer in Abb. 1 zeigt den Zellträger (10) in Schrägstellung. In entsprechend modifizierten Innenkammern kann an horizontal liegenden Trägern und auch an der nach unten in das Medium hängenden Kultur gearbeitet werden.

Die äußere Kammer (9) wird nach oben mit einem aus mehreren Lamellen bestehenden Deckel (3) verschlossen, durch den das Objektiv (2) in einer genau passenden Öffnung hindurchgeführt wird. Auf Grund der verschieb-

baren Lamellen im Kammerdeckel kann die auf diese Weise geschlossene Kammer, die am Kreuztisch des Mikroskopes befestigt ist (14), in jede beliebige Richtung verschoben werden. Durch die Seitenöffnungen der Kammer werden die Elektroden (4) bzw. Mikrowerkzeuge eingeführt, wobei leichtgängige Gummimanschetten (5) die Kammer geschlossen halten.
Bei Kammertemperaturen über Zimmertemperatur beschlägt das in die geschlossene Kammer blickende Objektiv (2), so daß mit Hilfe eines zweiten Thermostaten (1) das Objektiv einige Grade höher beheizt werden muß als die Kammer (9).
Die beschriebene Kammer erweist sich in Kombination mit Mikromanipulator und Ng-Mikroskop (Phasenkontrastmikroskopie) der Firma Carl Zeiss Jena als sehr brauchbar für intrazelluläre elektrische Potentialmessungen an Zellkulturen [3,4].

Herrn Dr. L. Otto, Leiter der Abteilung f. organ. Mikroskopie des VEB Carl Zeiss Jena, sei auch an dieser Stelle für sein Interesse, seine ständige Hilfsbereitschaft und für wertvolle Hinweise und Anregungen gedankt.

Literatur

[1] Ling, G. u. R. W. Gerard: J. cell. comp. Physiol. **34**, 383 (1949).
[2] Löwenstein, W. R. u. Y. Kanno: J. gen. Physiol. **46**, 1123 (1963).
[3] Redmann, K., Ch. Stolte u. D. Lüders: Naturwissenschaften **54**, 255 (1967).
[4] Redmann, K.: Biophysik **4**, 92 (1967).
[5] Redmann, K.: unveröffentlicht.
[6] Schaefer, H. u. O. Schanne: Naturwissenschaften **43**, 445 (1956).
[7] Schanne, O.: Z. Biol. **112**, 234 (1960).
[8] Sperelakis, N. u. D. Lehmkuhl: J. gen. Physiol. **49**, 867 (1966).
[9] Sperelakis, N. u. D. Lehmkuhl: Am J. Physiol. **209**, 693 (1965).

Acta biol. med. germ., Band 20, Seite 259—262 (1968)

Aus dem Institut für gerichtliche Medizin der Humboldt-Universität zu Berlin
(Direktor: Prof. Dr. med. O. PROKOP)

Anti-B_{sil}: Ein weiteres Protectin

ST. SCHNITZLER

(Eingegangen am 3. 11. 1967)

Protectine sind weit in der Natur verbreitete antikörperähnliche Substanzen, die offenbar eine immunbiologische Schutzfunktion haben [1]. Die Entdeckung dieser neuen Stoffklasse begann mit der Beschreibung des Antikörperprinzips Anti-A_{hel} [2, 3] bei Weinberg- und Gartenschnecken. Weitere Vertreter dieser Stoffklasse wurden in der Folgezeit besonders im Rogen verschiedener Fische gefunden. PROKOP et al. [4] wiesen nach, daß in Keta-Kaviar ein inkomplettes Anti-B vorhanden ist. In noch stärkerer Konzentration fand sich dieser Antikörper (Anti-B_{sal}) im Rogen von Salmo irideus [5]. Der Titer gegen menschliche B-Blutzellen betrug im Kochsalz- und Supplementmilieu 1:8, gegen trypsinierte B-Erythrozyten dagegen 1:64. Der Antikörper läßt sich durch B-Se-Speichel vollständig hemmen, zeigt jedoch keine Präzipitation sezernierter B-Substanz.

Der Rogen von Perca fluviatilis L. (Barsch) und Lucioperca lucioperca L. (Zander) enthält einen kräftigen H-Antikörper [6]. Schließlich gelang es, bei Rutilus rutilus einen Antikörper zu finden [7], der die Bezeichnung Anti-P_{rut} erhielt und der die Doppelspezifität Anti-P_1 und Anti-B aufweist. Beide Spezifitäten konnten durch Absorption nicht getrennt werden. Bei 4 °C liegt der Titer höher als bei Zimmertemperatur oder 37 °C. Mit diesem Antikörper ist es möglich, die P_1-Eigenschaft innerhalb der A- und 0-Gruppen zu bestimmen.

VETTER [8] und KIRST [9] entdeckten im Rogen von Heringen einen Antikörper mit der Spezifität Anti-B.

Es zeigte sich, daß diese neuentdeckten Stoffe zur immunochemischen Endgruppenbestimmung [5, 10] und zur Differenzierung von Bakterien, insbesondere von Streptokokken geeignet sind [11—14].

Bei weiterer Suche fanden wir im Rogen von Silurus glanis (Wels) ein Anti-B, welches näher untersucht wurde.

Material, Methoden und Ergebnisse

Der Rogen entstammte zwei jeweils etwa 80 cm langen Welsen, die Ende September bei Debrecen (Ungarn) gefangen und speziell zur Gewinnung des Rogens getötet wurden. Die Eierstöcke waren der aktuellen Jahreszeit entsprechend sehr klein. Der Rogen wurde in eingefrorenem Zustand in das Institut gebracht und getrocknet. Die Untersuchungen begannen eine Woche nach der Entnahme. Die Herstellung der Testlösung erfolgte in der beschriebenen Weise [7]. 1 g Pulver wurde in 5 ml physiologischer Kochsalzlösung bzw. 6%iger autoklavierter Gelatinelösung eingebracht und nach einhalbstündiger Extraktionszeit zentrifugiert. Die Testblute stammten aus dem Routinematerial des Instituts (Paternitätsuntersuchungen) sowie von unausgelesenen klinisch gesunden Blutspendern.

Bei der Untersuchung von 100 Blutmustern, die in den Systemen ABO, Rh, MNS, P_1 und Kell getestet waren, wurden ausschließlich alle B-Blute sehr kräftig angezeigt, zwei A_1B-Muster brachten eine schwach positive Reaktion, ein weiteres A_1B- und ein A_2B-Blut waren deutlich positiv. Die Untersuchung erfolgte im Kochsalzmilieu bei Zimmertemperatur, die Reaktionszeit betrug 20 min.

Tab. 1 gibt über Titer, Reaktionsstärke und Temperaturabhängigkeit des „neuen" Antikörpers Aufschluß.

Tabelle 1

Reaktionsstärke des Anti-B_{sil} bei verschiedener Temperatur im Kochsalzmilieu, getestet gegen 3mal gewaschene B-Erythrozyten. Reaktionszeit 20 min

Temperatur	Extraverdünnung 1:						
	2	4	8	16	32	64	128
4 °C	+++	+++	+++	++	+	±	–
ZT	+++	++	+	±	–	–	–
37 °C	–	–	–	–	–	–	–

Nach diesen Ergebnissen war es interessant zu untersuchen, ob bei 4 °C auch andere Blute angezeigt würden. Deshalb wurden die bei Zimmertemperatur untersuchten 100 Muster erneut getestet. Dabei gaben alle B-Blute eine sehr kräftige Reaktion, deutlich positiv waren auch die AB-Blute. Einige 0- und A_2-Muster wurden ganz schwach (±) angezeigt. Der Unterschied zu den B-tragenden Zellen war sehr deutlich. Bei einer Extraktverdünnung von 1:2 brachten nur noch diese eine positive Reaktion.

Die Ergebnisse einer Austestung im Supplementmilieu (6%ige autoklavierte Gelatine) deckten sich mit denen im Kochsalzmilieu, ein kleiner Unterschied fand sich nur insofern, als bei 37 °C die B-Blute mit dem unverdünnten Extrakt noch schwach positiv reagierten. Auch der Fermenttest mit trypsinierten B-Erythrozyten ergab keine Veränderungen in Bezug auf Reaktionsstärke, Spezifität oder Titer.

Im Präzipitationstest nach OUCHTERLONY wurde das neue Reagenz gegen 1:2 verdünnte und gekochte Speichelproben angesetzt. Folgende Speichel (jeweils verschiedene Proben) kamen zur Anwendung: 3 Speichel 0 Se, 2 Speichel 0 se, 4 Speichel A_1 Se, 2 Speichel A_1 se, 3 Speichel A_2 Se, 3 Speichel

B Se, B se, A_1B Se. Der Test erfolgte in 1% Agar, Phosphat- und Na-Veronal-HCl-Puffer, *p*H 7,2. Reaktionszeit 24 Std. bei Zimmertemperatur. Alle Proben waren negativ.

In einer weiteren Untersuchungsreihe wurde die Hemmbarkeit des Reagens durch die aufgeführten 1:2 verdünnten Speichelproben geprüft. Dabei ließ sich durch die B Se- und den A_1B Se-Speichel die Aktivität gegen B-Erythrozyten vollständig hemmen (Ausgangstiter 1:16), während die übrigen Speichel lediglich eine Titersenkung von zumeist einer Stufe zeigten.

Schließlich wurde der Extrakt für 30 min bei 56 °C im Wasserbad inkubiert. Er hatte anschließend eine milchigtrübe Farbe, zeigte jedoch keine Titersenkung im Vergleich mit einer nichterhitzten Probe.

Diskussion

Nachdem bereits bei zwei Vertretern der Salmonidae (Lachs und Forelle) sowie bei Clupea harengus L. jeweils ein Anti-B und bei Rutilus rutilus ein Anti-B in Kombination mit Anti-P_1 gefunden wurden, zeigte auch der Rogen von Silurus glanis (Wels) ein Agglutinin, welches mit menschlichen B- und AB-Erythrozyten kräftig reagiert. Es handelt sich um ein ausgesprochenes Kälteagglutinin. Eine Aktivitätssteigerung durch Fermentierung der Erythrozyten oder Verwendung von Supplementmilieu ist nicht möglich. Das Reagens läßt sich durch B Se-Speichel hemmen, zeigt im OUCHTERLONY-Test analog zu Anti-B_{sal} jedoch keine Präzipitationslinien.

Nach den Untersuchungen an Bakterien und den Ergebnissen von JAROSCH [15] ist an der „protectiven" Funktion der Antikörper aus dem Rogen kaum noch ein Zweifel möglich. Dem Vorschlag UHLENBRUCKS [16] folgend sollte der „neue" Antikörper die Bezeichnung Anti-B_{sil} erhalten. In Anbetracht der Vielzahl der bei verschiedenen Fischen gefundenen Antikörper mit der Spezifität Anti-B wäre es jedoch zu diskutieren, ob im Interesse der Übersichtlichkeit zukünftig nicht eine gemeinsame Bezeichnung zu wählen ist, dies allerdings nur dann, wenn sich diese Antikörper auch hinsichtlich ihrer weiteren Spezifität gegen L-Rhamnose-tragende Bakterien ähnlich sind oder gar identisch.

Summary

In the roe of Silurus glanis another protectin was found. It was named „Anti-B_{sil}". The antibody reacts better at low temperature rather than at 37° centigrade and possesses a specificity anti-B.

Literatur

[1] PROKOP, O., G. UHLENBRUCK u. W. KÖHLER: Protectine, eine neue Klasse antikörperähnlicher Verbindungen. Vox Sang. (im Druck).

[2] PROKOP, O., D. SCHLESINGER u. A. RACKWITZ: Über eine thermostabile „antibody like substance" (Anti-A_{hel}) bei Helix pomatia und deren Herkunft. Z. ImmunForsch. exp. Ther. **129**, 402 (1965).

[3] PROKOP, O., A. RACKWITZ u. D. SCHLESINGER: A „new" human blood group receptor A_{hel} tested with saline extracts from Helix hortensis (garden snail). S. J. Forens. Med. **12**, 108 (1965).
[4] PROKOP, O., D. SCHLESINGER u. G. GESERICK: Thermostabiles B-Agglutinin aus Konserven von Lachskaviar. Z. ImmunForsch. exp. Ther. **132**, 491 (1967).
[5] JAROSCH, K., ST. SCHNITZLER, O. PROKOP u. G. UHLENBRUCK: Anti-B (Anti-B_{sal}) in Forelleneiern. Z. ärztl. Fortbild. **61**, 758 (1967) (Sonderheft).
[6] PROKOP, O., ST. SCHNITZLER u. G. UHLENBRUCK: Über einen kräftigen H-Antikörper bei zwei Vertretern der Percidae, aufgefunden im Rogen der Tiere. Acta biol. med. germ. **18**, K7 (1967).
[7] SCHNITZLER, ST., G. MÜLLER u. O. PROKOP: Ein „neuer" Antikörper: Anti-P_{rut}, aufgefunden im Rogen von Rutilus rutilus. Z. ImmunForsch. exp. Ther. **134**, 45 (1967).
[8] VETTER, O.: Beobachtungen an einem „A-like" Blutgruppenprinzip in Clupea harengus L. Vortr. IV. Tagung der Arbeitsgemeinschaft für Hämatologie und Blutspendewesen der DDR, Berlin 1967.
[9] KIRST, R.: Diskussionsbeitrag, IV. Tagung der Arbeitsgemeinschaft für Hämatologie und Blutspendewesen der DDR, Berlin 1967.
[10] KIM, Z., G. UHLENBRUCK, O. PROKOP u. D. SCHLESINGER: Über die B.-Substanz und das Anti-A von Helix pomatia. Z. ImmunForsch. exp. Ther. **130**, 290 (1966).
[11] UHLENBRUCK, G., O. PROKOP u. W. HAFERLAND: Agglutination von E. coli durch ein Agglutinin aus Helix pomatia. Zentbl. Bakt. Parasitkde **199**, 271 (1966).
[12] KÖHLER, W. u. O. PROKOP: Agglutination von Streptokokken der Gruppe C durch ein Agglutinin aus Helix pomatia. Z. ImmunForsch. exp. Ther. **133**, 50 (1967).
[13] PROKOP, O. u. W. KÖHLER: Agglutinationsreaktionen von Mikroorganismen mit Helix pomatia Eiweißdrüsenextrakt (Anti-A_{hel}-Agglutinin). Z. ImmunForsch. exp. Ther. **133**, 176 (1967).
[14] KÖHLER, W. u. O. PROKOP: Untersuchungen über die Anwendbarkeit von Anti-B_{sal} und Anti-H_{per} zur Streptokokkendifferenzierung. Z. ImmunForsch. exp. Ther. **133**, 491 (1967).
[15] JAROSCH, K.: Blutgruppenartige Substanzen in Gewässern. Vortrag, 1. Tagung der Ges. f. gerichtl. Med. der DDR, Halle 1967.
[16] UHLENBRUCK, G.: Serotyp und Chemotyp von blutgruppenaktiven Verbindungen. Z. ärztl. Fortbild. **59**, 179 (1965).

Anschrift des Verfassers:
Institut für gerichtliche Medizin der Humboldt-Universität zu Berlin,
104 Berlin, Hannoversche Str. 6

CONTENTS

СОДЕРЖАНИЕ

INHALT

Fortsetzung umseitig

31002

Seite

Kurzmitteilungen

Herausgeber und verantwortlich für den Inhalt: R. Baumann, H. Dutz, A. Graffi, H. Gummel, F. Jung, L.-H. Kettler, S. M. Rapoport. Schriftleitung: Prof. Dr. Werner Scheler und Dr. habil. Heinz Bielka, 1115 Berlin-Buch, Lindenberger Weg 70. Fernruf: 569851. App. 222. Verlag: Akademie-Verlag GmbH, 108 Berlin, Leipziger Straße 3—4 (Fernruf: 220441) Telex-Nr. 0112020, Postscheckkonto Berlin 35021. Bestellnummer dieses Heftes 1053/XX/2. Die Zeitschrift erscheint monatlich. Bezugspreis: Je Heft 18,— M, Sonderpreis für die DDR 14,— M. Veröffentlicht unter der Lizenznummer 1318 des Presseamtes beim Vorsitzenden des Ministerrates der Deutschen Demokratischen Republik. Gesamtherstellung: VEB Druckerei „Thomas Müntzer", 582 Bad Langensalza.

FSC
www.fsc.org
MIX
Papier | Fördert gute Waldnutzung
FSC® C083411

Zeitfracht Medien GmbH
Ferdinand-Jühlke-Straße 7
99095 Erfurt, Deutschland
produktsicherheit@kolibri360.de